KUKA工业机器人操作与编程

◎ 刘文光 李长吉 主 编

孙玉峰 商义叶 冯占营 副主编

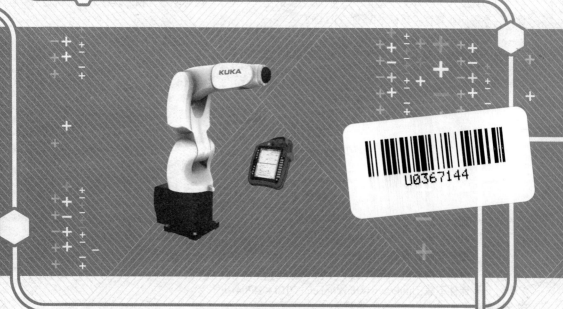

清华大学出版社

北京

内 容 简 介

本书针对 KUKA 工业机器人，从实际应用出发，结合天津博诺机器人技术有限公司的工业机器人应用领域一体化教学创新平台，分别介绍了 KUKA 工业机器人认知与手动操作、KUKA 工业机器人坐标系的测量、KUKA 工业机器人绘图操作编程、KUKA 工业机器人搬运操作编程、KUKA 工业机器人离线编程与仿真。本书配有微课、课件等教学资源，扫描书中对应二维码可免费使用。

本书可作为职业院校工业机器人技术、机电一体化技术、电气自动化技术及其他相关专业教材，也可作为工程技术人员、职业培训学校的工业机器人培训教材或自学参考书。

图书在版编目（CIP）数据

KUKA 工业机器人操作与编程 / 刘文光，李长吉主编 . —北京：清华大学出版社，2023.4
ISBN 978-7-302-62987-0

Ⅰ.①K… Ⅱ.①刘…②李… Ⅲ.①工业机器人－操作－高等职业教育－教材②工业机器人－程序设计－高等职业教育－教材 Ⅳ.① TP242.2

中国国家版本馆 CIP 数据核字（2023）第 039703 号

责任编辑：张 弛
封面设计：刘 键
责任校对：刘 静
责任印制：丛怀宇

出版发行：清华大学出版社
  网　　址：http://www.tup.com.cn，http://www.wqbook.com
  地　　址：北京清华大学学研大厦 A 座　　邮　　编：100084
  社 总 机：010-83470000　　邮　　购：010-62786544
  投稿与读者服务：010-62776969，c-service@tup.tsinghua.edu.cn
  质量反馈：010-62772015，zhiliang@tup.tsinghua.edu.cn
  课件下载：http://www.tup.com.cn，010-83470410
印 装 者：三河市君旺印务有限公司
经　　销：全国新华书店
开　　本：185mm×260mm　　印　　张：9.5　　字　　数：226 千字
版　　次：2023 年 6 月第 1 版　　印　　次：2023 年 6 月第 1 次印刷
定　　价：48.00 元

产品编号：097950-01

前言
FOREWORD

党的二十大报告中提出要"推进新型工业化，加快建设制造强国、质量强国、航天强国、交通强国、网络强国、数字强国。"工业机器人在新型工业化的推进中发挥着重要作用。工业机器人是一种功能完整、可独立运行的自动化设备，具有自身的控制系统，能依靠控制系统的作用完成规定的作业任务。工业机器人的操作与编程是工业机器人编程调试人员必须掌握的基本技能。

本书采用校企联合开发的方式，将工业机器人操作编程岗位能力标准与课程标准相融合，依据高职教育的培养目标，采用项目导向模式进行编写，将工业机器人的基础知识、手动操作、坐标系的测量、现场示教编程、离线编程与仿真融入实际任务中。同时本书在内容取舍上，注意处理好理论知识与实际操作技能的关系，重点突出应用性，突出学生的主导地位，有利于提高学生对课程的理解能力和实际操作能力。

本书针对 KUKA 工业机器人的操作与编程，以项目导向模式编写，操作步骤翔实，从学习目标、项目描述、任务实施、项目拓展等方面展开介绍，将相关知识点与实际应用有机结合，便于学生将知识与技能融会贯通。

全书共分为 5 个项目，每个项目由若干任务组成，主要内容包括：项目一是 KUKA 工业机器人认知与手动操作；项目二是 KUKA 工业机器人坐标系的测量；项目三是 KUKA 工业机器人绘图操作编程；项目四是 KUKA 工业机器人搬运操作编程；项目五是 KUKA 工业机器人离线编程与仿真。

本书由刘文光、李长吉担任主编，由孙玉峰、商义叶、冯占营担任副主编。项目一由刘文光、李长吉、冯占营编写、项目二由刘文光、商义叶编写；项目三由刘文光、孙玉峰编写；项目四由刘文光、李长吉编写；项目五由刘文光编写。天津博诺机器人技术有限公司的工作人员在本书编写过程中给予了大力支持和帮助，在此表示衷心感谢。

由于编者水平有限，书中疏漏与不当与之处在所难免，恳请广大读者批评、指正。

编　者
2023 年 2 月

教学课件

目 录
CONTENTS

项目三　KUKA 工业机器人绘图操作编程

KUKA 工业机器人认知与手动操作

学习目标

1. 了解工业机器人的定义、发展历程及典型应用。
2. 掌握工业机器人的组成和技术参数。
3. 掌握工业机器人安全操作的注意事项。
4. 能正确手动操作工业机器人进行单轴运动、线性运动及旋转运动。

项目描述

了解工业机器人的发展现状与典型应用；了解工业机器人的组成及其技术参数；掌握使用工业机器人的安全注意事项；正确使用示教器实现 KUKA 工业机器人单轴运动、线性运动、旋转运动等手动操作。

任务 1.1　KUKA 工业机器人的认知

1.1.1　工业机器人的认知

工业机器人的认知

机器人（Robot）一词来源于捷克斯洛伐克作家卡雷尔·萨佩克于 1921 创作的剧本《罗萨姆万能机器人》（*Rossums Universal Robots*）。在剧本中 "Robot" 意为 "不知疲倦的劳动"，萨佩克把机器人定义为服务于人类的机器，机器人的名字由此诞生。后来，机器人一词频繁出现在科幻小说和电影中。

1954 年，美国的乔治·德沃尔提出了一个与工业机器人有关的技术方案，设计并研制了世界上第一台可编程的工业机器人样机，将之命名为 Universal Automation 并申请了专利。

1959 年，乔治·德沃尔和约瑟·英格柏格发明了世界上第一台工业机器人，命名为 Unimate，它的功能和人的手臂功能相似，重达两吨，采用液压驱动。

1961 年，Unimate 在美国通用汽车公司安装运行，用于生产汽车的门、车窗摇柄、换挡按钮及灯具固定架等。

1972 年，IBM 公司开发出内部使用的直角坐标系机器人，并最终开发出 IBM 7656 型商业直角坐标系机器人。

1973 年，德国 KUKA 公司生产出世界上第一台机电驱动的 6 轴机器人。

1974 年，瑞士的 ABB 公司研发了世界上第一台全电控式工业机器人，主要用于工件的取放和物料的搬运。

1977 年，日本安川公司研制出第一台全自动工业机器人。

1978 年，美国 Unimation 公司推出通用工业机器人 PUMA，这标志着工业机器人技术已经成熟。

1979 年，Mccallino 等人设计出基于小型计算机控制，在精密装配过程中完成校准任务的并联机器人，从而真正拉开了并联机器人研究的序幕。

1994 年，中国科学院沈阳自动化研究所研制出我国第一台无缆水下机器人。它的研制成功，标志着我国水下机器人技术走向成熟。

1995 年，上海交通大学研制出我国第一台高性能精密装配智能型机器人，标志着我国已具有开发第二代工业机器人的技术水平。

进入 21 世纪以来，我国大力推进工业机器人技术和产业的发展。我国科学家已经掌握了工业机器人的结构设计和制造技术、控制系统硬件和软件技术等，能够对工业机器人的一些关键器件进行规模化的生产。2017 年 1 月，我国的美的集团顺利收购德国机器人公司 KUKA 94.55% 的股权。

目前，世界各国对工业机器人还没有统一明确的定义。通常，工业机器人是指面向工业领域的多关节机器人或多自由度的机器装置。

我国科学家对工业机器人的定义是：机器人是一种自动化的机器，所不同的是这种机器具有一些与人或生物相似的能力，是一种具有高度灵活性的自动化机器。

美国机器人协会将机器人定义为：一种用于移动各种材料、零件、工具或专用装置的，通过程序来执行各种任务的，并具有编程能力的多功能操作机。

日本机器人协会指出：工业机器人是一种带有存储器件和末端操作器的通用机械，它能够通过自动化的动作代替人类劳动。

国际标准化组织对机器人的定义为：工业机器人是一种仿生的、具有自动控制能力的、可重复编程的、多功能、多自由度的操作机器。

目前，工业机器人主要用于汽车、3C 产品、医疗、食品、通用机械制造以及金属加工、船舶制造等领域，用以完成搬运、码垛、焊接、涂装、装配等复杂作业。

码垛机器人广泛应用于化工、饮料、食品、啤酒、塑料等生产企业，对纸箱、袋装、罐装、啤酒箱、瓶装等各种形式的包装成品都适用。机器人码垛作业能够提高企业的生产效率和产量，并节省大量的人力资源成本。

焊接机器人最早被应用在汽车装配生产线上，开拓了一种柔性自动化生产方式，实现了在一条焊接机器人生产线上同时自动生产若干种焊件。目前焊接机器人应用广泛，可以分为点焊机器人和弧焊机器人两类。

涂装机器人被广泛应用于汽车、汽车零配件、铁路、家电、建材、机械等行业。

装配机器人被广泛应用于各种电器制造行业及流水线产品的组装作业，具有高效、精确、不间断工作的特点。装配机器人要求具有较高的位姿精度，手腕具有较大的柔性。

工业机器人按照机械结构可以分为串联机器人、并联机器人、混联机器人等。串联机器人又可以分为直角坐标系机器人、柱坐标系机器人、球坐标系机器人、关节坐标系机器人等。本书主要以 KR 3 R540 为例介绍关节坐标系机器人的操作与编程。

1.1.2 KUKA 工业机器人的组成

KUKA 工业机器人的组成

KUKA 工业机器人主要由机器人本体、控制器、示教器等部分组成。图 1.1 所示为 KR 3 R540 工业机器人的组成。

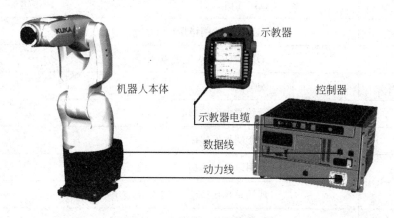

图 1.1 KR 3 R540 工业机器人组成

工业机器人的本体是用来完成规定任务的执行机构。6 轴工业机器人 KR 3 R540 的本体主要包括基座、腰部、大臂、小臂和手腕，如图 1.2 所示。六个轴的运动范围分别为：A1 轴 −170° 至 +170°；A2 轴 −170° 至 +50°；A3 轴 −110° 至 +155°；A4 轴 −175° 至 +175°；A5 轴 −120° 至 +120°；A6 轴 −350° 至 +350°。机器人本体 A6 轴的机械接口通常为一个连接法兰，可直接或通过快换装置安装夹爪、吸盘、焊枪等工具。

工业机器人的控制器对机器人本体和示教器传输的数据进行运算处理，控制机器人工作站完成规定的任务。KR 3 R540 工业机器人控制器 KR C4 compact 的面板如图 1.3 所示，面板上各接口的作用如表 1.1 所示。

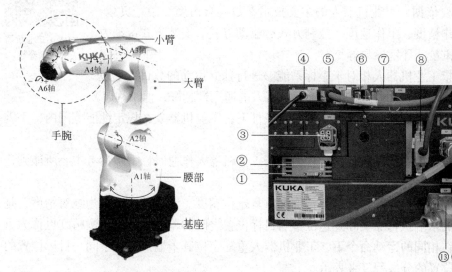

图 1.2 KR 3 R540 工业机器人本体   **图 1.3 KR C4 compact 控制器面板**

示教器是工业机器人的人机交互接口。编程调试操作人员对工业机器人的手动操作、编写、测试、运行程序及查阅工业机器人状态信息等操作都是通过示教器完成的。

表 1.1　KR C4 compact 控制器面板接口

序　号	说　明
①	USB端口
②	KUKA选项网络接口
③	IO模块DC 24V电源输入端
④	安全接口
⑤	示教器电缆接口
⑥	以太网扩展接口
⑦	备用以太网接口
⑧	现场总线接口
⑨	机器人本体编码器数据线接口
⑩	以太网安全接口
⑪	控制器电源开关，上电时绿灯亮，断电时绿灯灭
⑫	控制器电源AC 220V输入端
⑬	机器人本体电动机动力线接口

1.1.3　KUKA 工业机器人的技术参数

KUKA 工业机器人的技术参数

工业机器人的技术参数反映了工业机器人的工作性能，是进行工业机器人选型的重要依据。工业机器人的主要技术参数有自由度、额定负载、工作空间、工作精度、工作速度、控制方式、驱动方式、安装方式、动力源容量、本体重量、环境参数等。

自由度是指工业机器人相对于坐标系能够进行独立运动的数目，不包括末端执行器的动作。自由度越大，工业机器人的通用性越好，但结构越复杂。

额定负载也称有效载荷，是指正常作业条件下，工业机器人在规定性能范围内，手腕末端所能承受的最大载荷。

工作空间也称工作范围、工作行程，是指工业机器人作业时，手腕参考中心所能到达的空间区域。

工业机器人的工作精度包括定位精度和重复定位精度。定位精度也称为绝对精度，是指工业机器人的末端执行器实际到达位置与目标位置之间的差距。重复定位精度也称为重复精度，是指在相同的运动命令下，工业机器人重复定位其末端执行器于同一目标位置的能力，以实际位置的分散程度来表示。

KR 3 R540 工业机器人的主要技术参数如下。

（1）自由度数：6。

（2）额定负载：3kg。

（3）工作空间：最大 541mm。

（4）重复定位精度：±0.02mm。

（5）最大承重负载：6kg。

（6）机器人质量：26.5kg。

（7）安装方式：地面、墙壁、天花板。

（8）占地面积：179mm×179mm。

（9）防护等级：IP 40。

（10）运行环境温度：278K～318K（+5℃～+45℃）。

1.1.4　工业机器人的安全操作

工业机器人的安全操作

工业机器人在空间中运动时，其动作范围内的空间属于危险场所，如果操作不当或者操作不规范，很容易发生安全事故，导致人员伤害或财产损失。因此，工业机器人系统必须始终装备相应的安全设备，如隔离防护装置、紧急停止按钮和轴范围限制装置等。设备管理者以及操作人员在安装、操作、维修保养机器人时必须保证安全第一，在确保自身以及相关人员的安全后再进行操作。工作人员在对工业机器人进行操作与编程时需要注意以下几点。

（1）不要戴手套操作示教器和操作面板。

（2）手动操作工业机器人时要采用较低的速度倍率，以保证操作安全。

（3）按下启动键之前，要考虑到工业机器人的运动趋势。

（4）工业机器人没有移动时，永远不要认为工业机器人的程序已经完成，因为此时工业机器人可能正在等待让其继续运动的信号。

（5）工业机器人工作区域及周边区域必须保持清洁，无油、水及其他杂质。

（6）开机运行前必须明确工业机器人根据所编程序要完成的全部任务。

（7）必须明确所有会影响工业机器人动作的开关、传感器等设备的位置和状态。

（8）必须明确工业机器人控制器、示教器和外围控制设备上的紧急停止按钮的位置，以备在紧急情况下可以准确使用这些按钮。

（9）要预先考虑好工业机器人的所有运动轨迹，确保工业机器人在运动轨迹上不发生干涉。

任务 1.2　KUKA 工业机器人示教器的使用

1.2.1　KUKA 工业机器人示教器的结构

KUKA 工业机器人示教器的结构

KUKA 工业机器人的示教器又称 smartPAD。smartPAD 正面结构各部分及功能如图 1.4 和表 1.2 所示，smartPAD 背面结构及各部分功能如图 1.5 和表 1.3 所示。

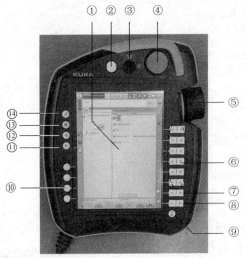

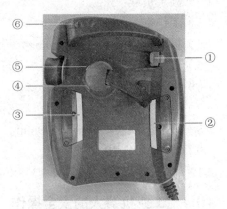

图 1.4　smartPAD 正面结构　　　　　　图 1.5　smartPAD 背面结构

表 1.2　smartPAD 正面结构各部分功能

序号	名　称	功　能　说　明
①	触摸屏/smartHMI	详见 1.2.2 小节
②	smartPAD 按钮	用于将示教器从控制器上取下
③	运行方式选择开关	用于调出连接管理器的钥匙开关。只有插入钥匙时，方可转动开关。利用连接管理器可以转换运行方式
④	紧急停止按钮	用于在危险情况下关停机器人。紧急停止装置在被按下时将自行闭锁
⑤	6D 鼠标	用于手动移动工业机器人
⑥	移动键	用于手动移动工业机器人
⑦	程序倍率键	用于设定程序倍率
⑧	手动倍率键	用于设定手动倍率
⑨	主菜单键	用来在触摸屏 smartHMI 上将菜单项显示出来
⑩	工艺键	主要用于设定工艺程序包中的参数，其确切的功能取决于所安装的工艺程序包
⑪	启动键	启动程序。与表 1.3 中④指向的启动键作用相同
⑫	逆向启动键	逆向启动程序，程序将逐步运行
⑬	停止键	用于暂停运行中的程序
⑭	键盘键	当触摸屏 smartHMI 需要键盘时，按下此键可显示键盘

表 1.3　smartPAD 背面结构各部分功能

序号	名　称	功　能　说　明
①	USB 接口	用于存档、还原等操作
②	确认开关	确认开关具有 3 个位置：未按下、中间位置、完全按下。 在 T1 手动慢速运行方式或 T2 手动快速运行方式下：确认开关处于中间位置时，可以手动操作工业机器人；确认开关未按下或完全按下时，不能手动操作工业机器人。在 AUT 自动运行方式或 AUTEXT 外部自动运行方式下：确认开关不起作用。 确认开关②、③、⑤作用相同
③	确认开关	确认开关②、③、⑤作用相同

续表

序号	名称	功 能 说 明
④	启动键	启动程序。与表 1.2 中⑪指向的启动键作用相同
⑤	确认开关	确认开关②、③、⑤作用相同
⑥	示教笔	用于操作示教器触摸屏 smartHMI

1.2.2　KUKA 工业机器人示教器触摸屏的操作界面

KUKA 工业机器人示教器 smartPAD 配备一个触摸屏 smartHMI。操作编程调试人员可用手指或示教笔在示教器触摸屏 smartHMI 的界面上进行操作。

KUKA 工业机器人示教器触摸屏 smartHMI 操作界面及各部分功能如图 1.6 和表 1.4 所示。触摸屏 smartHMI 操作界面中的状态栏及各部分功能如图 1.7 和表 1.5 所示。

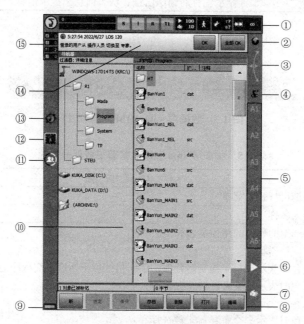

图 1.6　触摸屏 smartHMI 操作界面

表 1.4　触摸屏 smartHMI 操作界面各部分功能

序号	名　　称	功 能 说 明
①	状态栏	设置及显示工业机器人的程序状态、运行方式、当前激活的坐标系、增量等
②	6D 鼠标参照的坐标系	显示当前利用 6D 鼠标操作工业机器人时参照的坐标系； 点击该图标可选择利用 6D 鼠标操作工业机器人时参照的坐标系
③	6D 鼠标定位	点击该图标可设置 6D 鼠标的定位
④	移动键参照的坐标系	显示当前利用移动键操作工业机器人时参照的坐标系； 点击该图标可选择利用移动键操作工业机器人时参照的坐标系
⑤	移动键标记	单轴运动时显示：A1、A2、A3、A4、A5、A6； 线性运动或旋转运动时显示：X、Y、Z、A、B、C
⑥	程序倍率键标记	指示程序倍率
⑦	手动倍率键标记	指示手动倍率

序号	名　称	功　能　说　明
⑧	软按键栏	不同窗口被激活时显示不同的软按键
⑨	smartHMI 激活指示	若左侧和右侧小灯交替闪烁绿光，则表示 smartHMI 已经激活
⑩	主界面	显示导航器、菜单、编辑器等窗口
⑪	用户组图标	点击该图标可设置用户组
⑫	时钟图标	点击该图标可显示系统时间
⑬	WorkVisual 图标	点击该图标可打开"项目管理"窗口
⑭	信息窗口	默认设置下只显示最后一条提示信息。点击该窗口可显示所有待处理的提示信息。 可以被应答的信息用 OK 按钮应答；所有可以被应答的信息用"全部 OK"按钮一次性全部应答
⑮	信息计数器	显示现有的确认信息、状态信息、提示信息、等待信息的数量

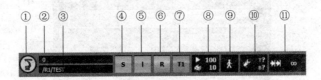

图 1.7　触摸屏 smartHMI 的状态栏

表 1.5　触摸屏 smartHMI 状态栏各部分功能

序　号	功　能　说　明
①	点击该图标可打开主菜单
②	显示机器人名称
③	显示当前选定的程序的路径及名称
④	显示提交解释器状态： "S"为黄色时表示选择了提交解释器，语句指针位于所选提交程序的首行； "S"为绿色时表示提交解释器正在运行； "S"为红色时表示提交解释器停止运行； "S"为灰色时表示提交解释器未被选择。 点击该图标可打开"所有 SUBMIT 解释器"窗口
⑤	显示驱动装置的状态： "I"为绿色时表示驱动装置已经接通； "I"为灰色时表示确认开关未按下或有防止工业机器人移动的提示信息存在； "O"为灰色时表示驱动装置已经关断。 点击该图标可打开"移动条件"窗口
⑥	显示机器人解释器的状态，详见 3.3.1 小节。 点击该图标可进行取消选择程序或程序复位操作
⑦	显示工业机器人当前的运行方式，详见 1.3.1 小节
⑧	显示程序倍率和手动调节量。点击该图标可设置程序倍率和手动调节量
⑨	显示程序的运行方式。点击该图标可设置程序的运行方式，详见 3.3.1 小节
⑩	显示激活的工具坐标系和基坐标系。 点击该图标可打开"激活的基坐标／工具"窗口，详见项目二
⑪	显示当前使用的增量。 点击该图标可设置增量。开启增量后，手动操作示教器上的移动键时，工业机器人按照设置的增量（100mm/10°、10mm/3°、1mm/1° 或 0.1mm/0.005°）移动后自动停止

1.2.3　KUKA 工业机器人示教器的手持方法

KUKA 工业机器人
示教器的手持方法

KUKA 工业机器人的示教器可方便不同习惯的操作人员用不同方法手持。

如图 1.8 所示，可以两手握住示教器两侧，四指按在示教器背面的确认开关上。对于惯用右手操作人员来说，可以用左手的四指按下确认开关，用右手进行触摸屏和按钮的操作；对于惯用左手操作人员来说，可以用右手的四指按下确认开关，用左手进行触摸屏和按钮的操作。

如图 1.9 所示，也可用左手握住示教器背面的凸起部分。用左手按下确认开关，用右手进行触摸屏和按钮的操作。

图 1.8　手持示教器方法一

图 1.9　手持示教器方法二

1.2.4　KUKA 工业机器人用户组的设定

KUKA 工业机器
人用户组的设定

KUKA 工业机器人的用户组权限分别是：操作人员（标准）、用户、专家、安全维护人员、安全调试员、管理员。除了默认用户组操作人员（标准）外，其他所有用户组均有密码保护，默认密码为 kuka。各用户组权限如表 1.6 所示。

表 1.6　KUKA 工业机器人用户组权限

用　户　组	权限功能说明
操作人员（标准）	仅具有很有限的权限。操作人员不允许执行会永久更改系统的功能
用户	可对工业机器人示教器进行基础操作
专家	编程人员用户组
安全维护人员	该用户组可以激活和配置工业机器人的安全配置
安全调试员	只在使用安全选项（如 KUKA.SafeOperation）时，该用户组才相关
管理员	其功能与专家用户组一样。另外，可以将插件（Plug-Ins）集成到工业机器人控制系统中

如果编程调试操作人员在一段时间内未对示教器进行任何操作，则 KUKA 工业机器人控制系统会出于安全原因将用户组切换为默认用户组。默认设置卜该时间段为 300s。

将 KUKA 工业机器人从操作人员用户组切换到专家用户组的操作步骤示例如下。

（1）在 T1 手动慢速运行方式下，点击示教器触摸屏左上角或示教器右下角机器人图标 🔄，打开主菜单，点击"配置"→"用户组"，如图 1.10 所示；或点击示教器触摸屏左侧的用户组图标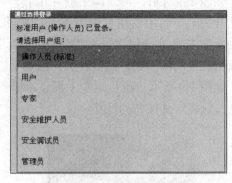，打开"通过选择登录"窗口，如图 1.11 所示。

图 1.10 用户组

图 1.11 "通过选择登录"窗口

（2）在"通过选择登录"窗口中点击"专家"，利用键盘输入 kuka，点击键盘上的回车键，或点击示教器触摸屏右下角的"登录"按钮，如图 1.12 所示，切换到专家用户组，示教器信息窗口提示"登录的用户从操作人员切换至专家"。

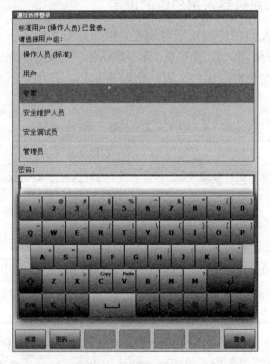

图 1.12 登录专家用户组

1.2.5 KUKA 工业机器人示教器操作界面语言的设定

将 KUKA 工业机器人示教器操作界面的语言由英文切换至中文的操作步骤示例如下。

（1）在 T1 手动慢速运行方式下，选择专家用户组 Expert。

（2）点击示教器触摸屏左上角或示教器右下角机器人图标 ，打开主菜单 Main menu，点击 Configuration → Miscellaneous → Language，如图 1.13 所示，打开 Language selection 窗口。

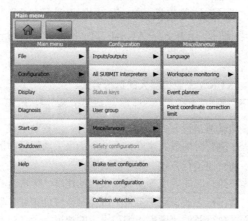

图 1.13　语言切换

（3）向下拖动 Language selection 窗口右侧的滚动条，点击"中文（中华人民共和国）"，点击示教器触摸屏下方的 OK 按钮，将示教器操作界面的语言设置为中文。

1.2.6　KUKA 工业机器人的关机

将 KUKA 工业机器人关机的操作步骤示例如下。

（1）在 T1 手动慢速运行方式下，选择专家用户组。

（2）点击示教器触摸屏左上角或示教器右下角机器人图标，打开主菜单，点击"关机"，如图 1.14 所示，打开"关机"窗口，如图 1.15 所示。

（3）在"关机"窗口中点击"关闭控制系统 PC"按钮，在弹出的如图 1.16 所示的询问窗口中点击"是"按钮，确定关机。

图 1.14　关机　　　　**图 1.15　"关机"窗口**　　　　**图 1.16　确定关机**

任务 1.3 KUKA 工业机器人的手动操作

1.3.1 KUKA 工业机器人运行方式的设定

KUKA 工业机器人的运行方式包括：T1 手动慢速运行方式、T2 手动快速运行方式、AUT 自动运行方式、AUT-EXT 外部自动运行方式，如表 1.7 所示。

KUKA 工业机器人
运行方式的设定

表 1.7 KUKA 工业机器人的运行方式

运行方式	功能说明
T1	手动慢速运行方式，用于测试运行、编程和示教。 程序执行时的最大速度为 250mm/s，手动运行时的最大速度为 250mm/s
T2	手动快速运行方式，用于测试运行。 程序执行时的速度等于编程设定的速度。无法进行手动运行
AUT	自动运行方式，用于不带上级控制系统的工业机器人。 程序执行时的速度等于编程设定的速度。无法进行手动运行
AUT EXT	外部自动运行方式，用于带上级控制系统的工业机器人。 程序执行时的速度等于编程设定的速度。无法进行手动运行

将 KUKA 工业机器人在 T1 手动慢速运行方式与 AUT 自动运行方式下进行切换的操作步骤示例如下。

（1）将图 1.4 所示的③指向的示教器上的运行方式转换开关切换至 位置，在示教器触摸屏上的 Available robots 窗口中点击 T1，将图 1.4 所示的③指向的示教器上的运行方式转换开关切换至 位置，将 KUKA 工业机器人设定为 T1 手动慢速运行方式。图 1.7 所示的状态栏中⑦指向的位置显示 T1，如图 1.17 所示。

图 1.17 将 KUKA 工业机器人设定为 T1 运行方式

（2）将图 1.4 所示的③指向的示教器上的运行方式转换开关切换至 位置，在示教器触摸屏上的 Available robots 窗口中点击 AUT，将图 1.4 所示的③指向的示教器上的运行方式转换开关切换至 位置，将 KUKA 工业机器人设定为 AUT 自动运行方式。图 1.7 所示的状态栏中⑦指向的位置显示 AUT，如图 1.18 所示。

图 1.18 将 KUKA 工业机器人设定为 AUT 运行方式

1.3.2 KUKA 工业机器人示教器确认开关的使用

KUKA 工业机器人示教器上的确认开关是为保证编程调试操作人员的安全而设计的。KUKA 工业机器人示教器上有三个确定开关，如图 1.5 中的②、③、⑤所示。

三个确认开关的作用完全相同。确认开关具有 3 个位置：未按下、中间位置、完全按下。在 T1 手动慢速运行方式或 T2 手动快速运行方式下：确认开关处于中间位置时，图 1.6 中⑤指向的触摸屏 smartHMI 操作界面的移动键标记 A1、A2、A3、A4、A5、A6 或 X、Y、Z、A、B、C 显示绿色，此时可以手动操作工业机器人或手动执行程序；确认开关未按下或完全按下时，图 1.6 中⑤指向的触摸屏 smartHMI 操作界面的移动键标记 A1、A2、A3、A4、A5、A6 或 X、Y、Z、A、B、C 显示灰色，此时不能手动操作工业机器人。在 AUT 自动运行方式或 AUT-EXT 外部自动运行方式下：确认开关不起作用。

KUKA 工业机器人示教器确认开关的使用

1.3.3　KUKA 工业机器人单轴运动的手动操作

在轴坐标系下，KUKA 工业机器人可实现各轴单独运动。轴坐标系是设定在工业机器人各关节轴的坐标系，KR 3 R540 工业机器人的轴坐标系如图 1.19 所示。

可以通过示教器上的移动键或 6D 鼠标对 KUKA 工业机器人进行单轴运动的手动操作。KR 3 R540 工业机器人单轴运动的手动操作步骤示例如下。

（1）将 KUKA 工业机器人设置为 T1 手动慢速运行方式，选择专家用户组。

（2）点击示教器触摸屏状态栏中的手动调节量图标，在图 1.20 所示的"调节量"窗口的"手动调节量"处设置合适的手动倍率；或通过按下示教器右下方的"+"或"−"手动倍率键设置合适的手动倍率。

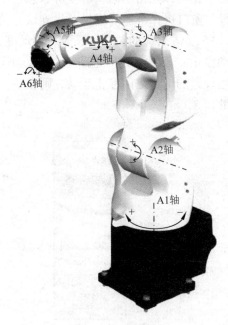

图 1.19　轴坐标系

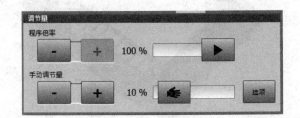

图 1.20　"调节量"窗口

（3）点击示教器触摸屏右侧移动键参照的坐标系图标，选择"轴"，如图 1.21 所示；或点击示教器触摸屏右侧 6D 鼠标参照的坐标系图标，选择"轴"，如图 1.22 所示。

图 1.21　为移动键选择轴坐标系

图 1.22　为 6D 鼠标选择轴坐标系

（4）将确认开关按至中间位置并保持，分别按下 A1、A2、A3、A4、A5、A6 对应的"+"或"–"移动键；或操作 6D 鼠标，实现 KR 3 R540 工业机器人单轴运动的手动操作。对 6D 鼠标的拉动、按压、转动、倾斜操作与轴坐标系的对应关系如图 1.23 所示。

（5）若进行单轴运动的手动操作时需要使用增量，则可以点击示教器触摸屏状态栏中的增量图标，在图 1.24 所示的"增量式手动运行"窗口选择合适的增量。将确认开关按至中间位置并保持，分别按下 A1、A2、A3、A4、A5、A6 对应的"+"或"–"移动键，KR 3 R540 工业机器人单轴运动至设置的增量后自动停止。若要使工业机器人继续单轴运动，则需要再次按下移动键。若工业机器人在未到达设置的增量之前停止运动，则在下一次运动时被中断的增量不会继续，而是重新计算增量。

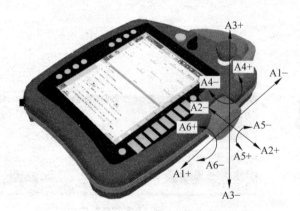

图 1.23　利用 6D 鼠标实现单轴运动的手动操作

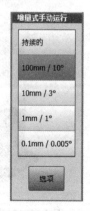

图 1.24　"增量式手动运行"窗口

1.3.4　KUKA 工业机器人坐标系的认知

KUKA 工业机器人常用的坐标系包括轴坐标系、全局坐标系、工具坐标系和基坐标系。

全局坐标系是一个固定的笛卡尔直角坐标系，原点定义在 KUKA 工业机器人的安装面与 A1 轴的交点处，如图 1.25 所示。

KUKA 工业机器人
坐标系的认知

工具坐标系是用来定义工具中心点和工具姿态的坐标系。工具中心点被称为 TCP（Tool Center Point）。默认的工具中心点定义在 KUKA 工业机器人 A6 轴法兰盘的中心。默认的工具坐标系如图 1.26 所示，该坐标系也称为法兰坐标系。用户自定义的工具坐标系以法兰坐标系为参照。

基坐标系是用户对作业空间自定义的笛卡尔直角坐标系。默认的基坐标系与全局坐标系一致。用户自定义的基坐标系以全局坐标系为参照。

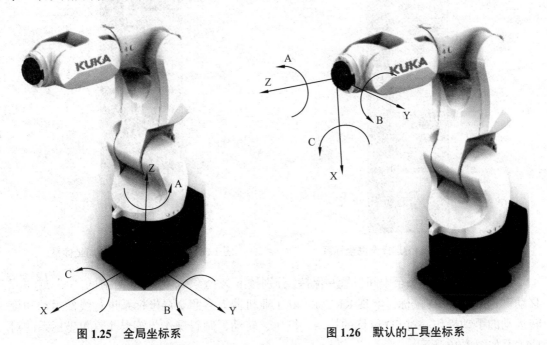

图 1.25　全局坐标系　　　　　　　　图 1.26　默认的工具坐标系

1.3.5　KUKA 工业机器人线性运动和旋转运动的手动操作

在全局坐标系、工具坐标系或基坐标系下，KUKA 工业机器人的 TCP 可以沿着参照的坐标系的 X、Y、Z 轴方向进行线性运动；可以保持位置不变，绕着参照坐标系的 X、Y、Z 轴方向进行旋转运动，从而调整工业机器人的姿态。

可以通过示教器上的移动键或 6D 鼠标对 KUKA 工业机器人进行线性运动或旋转运动的手动操作。

KR 3 R540 工业机器人参照全局坐标系进行线性运动和旋转运动的手动操作步骤示例如下。

（1）将 KUKA 工业机器人设置为 T1 手动慢速运行方式，选择专家用户组。

（2）点击示教器触摸屏状态栏中的手动调节量图标，在图 1.20 所示的"调节量"窗口的"手动调节量"处设置合适的手动倍率；或通过按下示教器右下方的"+"或"−"手动倍率键设置合适的手动倍率。

（3）点击示教器触摸屏右侧移动键参照的坐标系图标，选择"全局"，如图 1.27 所示；

或点击示教器触摸屏右侧 6D 鼠标参照的坐标系图标，选择"全局"，如图 1.28 所示。点击图 1.27 或图 1.28 所示的"选项"按钮，打开"手动移动选项"窗口，如图 1.29 所示。在"手动移动选项"窗口的"坐标系统"处勾选"同步"，可实现移动键与 6D 鼠标参照的坐标系同步切换；在"手动移动选项"窗口的"坐标系统"处不勾选"同步"，可取消移动键与 6D 鼠标参照的坐标系同步切换。

图 1.27　为移动键选择全局坐标系

图 1.28　为 6D 鼠标选择全局坐标系

（4）将确认开关按至中间位置并保持，分别按下 X、Y、Z、A、B、C 对应的"+"或"−"移动键；或操作 6D 鼠标，实现 KR 3 R540 工业机器人参照全局坐标系进行线性运动和旋转运动的手动操作。对 6D 鼠标的拉动、按压、转动、倾斜操作与笛卡儿直角坐标系的对应关系如图 1.30 所示。

图 1.29　"手动移动选项"窗口

图 1.30　利用 6D 鼠标实现线性运动和旋转运动的手动操作

（5）若进行线性运动和旋转运动的手动操作时需要使用增量，可以点击示教器触摸屏状态栏中的增量图标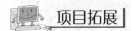，在图1.24所示的"增量式手动运行"窗口选择合适的增量。将确认开关按至中间位置并保持，分别按下X、Y、Z、A、B、C对应的"+"或"−"移动键，KR 3 R540工业机器人线性运动或旋转运动至设置的增量后自动停止。若要使工业机器人继续运动，则需要再次按下移动键。若工业机器人在未到达设置的增量之前停止运动，则在下一次运动时被中断的增量不会继续，而是重新计算增量。

项目拓展

KUKA工业机器人的零点标定

　　零点标定的目的是使KUKA工业机器人控制器的内部位置数据与旋转编码器反馈的数据保持一致。KUKA工业机器人在进行正确的零点标定以后，能够达到最高的点精度和轨迹精度，从而能够精确地以编程设定的动作进行运动。

　　如果未进行零点标定，则会严重限制KUKA工业机器人的功能，会出现无法编程运行，不能沿编程设定的点运行；无法在手动运行方式下平移，不能在坐标系中移动；软件限位开关关闭等问题。

　　如果出现以下情况，则需要对KUKA工业机器人进行零点标定。

　　（1）在投入运行时，旋转变压器数字转换器RDC数据异常。

　　（2）进行了诸如更换电动机或RDC等维护操作之后。

　　（3）未用控制器移动了KUKA工业机器人的轴之后（如借助自由旋转装置）。

　　（4）进行了机械修理之后（如更换传动装置、发生强烈碰撞），必须先删除KUKA工业机器人的零点，然后重新标定零点。

　　可以使用图1.31所示的电子控制仪EMD对KUKA工业机器人进行零点标定。

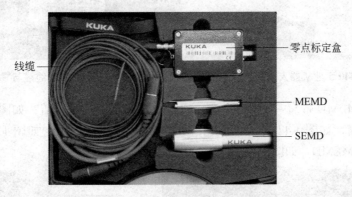

图1.31　EMD

　　对KR 3 R540工业机器人进行零点标定的操作步骤示例如下。

　　（1）将KR 3 R540工业机器人设置为T1手动慢速运行方式，选择专家用户组。

　　（2）通过单轴运动手动操作使KR 3 R540工业机器人的各个轴到达预零点标定位置，如图1.32~图1.37所示。KR 3 R540工业机器人预零点标定位置如图1.38所示。

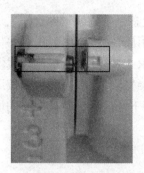

图1.32 A1轴预零点标定位置　　图1.33 A2轴预零点标定位置　　图1.34 A3轴预零点标定位置

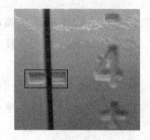
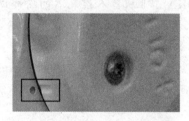
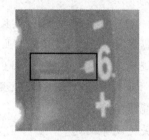

图1.35 A4轴预零点标定位置　　图1.36 A5轴预零点标定位置　　图1.37 A6轴预零点标定位置

（3）连接EMD的线缆与零点标定盒，如图1.39所示。连接EMD的线缆与KR 3 R540工业机器人底座上的X32端口，如图1.40所示。

图1.38 KR 3 R540工业机器人预零点标定位置　　图1.39 连接EMD线缆与零点标定盒

（4）利用MEMD带有一字头的一端拧下A1轴标定头的防护盖，如图1.41所示，显示出标定测量筒，如图1.42所示。将MEMD拧到标定测量筒上，如图1.43所示。连接EMD的线缆与MEMD，如图1.44所示。

图1.40 连接EMD线缆与机器人底座X32端口　　图1.41 拧下A1轴标定头防护盖

图 1.42　A1 轴标定测量筒　　图 1.43　MEMD 拧到标定测量筒上　　图 1.44　连接 EMD 线缆与 MEMD

（5）确认 KR 3 R540 工业机器人处于无负载状态。点击示教器触摸屏左上角或示教器右下角机器人图标，打开主菜单，点击"投入运行"→"调整"，如图 1.45 所示，点击 EMD →"标准"→"执行零点校正"，如图 1.46 所示，打开"标准电子测量探头零点校正：设定零点校正"窗口，如图 1.47 所示，与 EMD 连接指示为绿色；在零点标定区域内的 EMD 指示为绿色。

图 1.45　调整

图 1.46　执行零点校正

（6）点击"标准电子测量探头零点校正：设定零点校正"窗口中的"机器人轴 1"，点击"校正"按钮，将确认开关按至中间位置并保持，按下示教器左侧的启动键或背面的绿色启动键并保持，等待 EMD 通过测量切口的最低点到达 A1 轴零点标定位置。到达 A1 轴零点标定位置后，KR 3 R540 工业机器人自动停止运行，A1 轴零点标定数据被存储，如图 1.48 所示。"机器人轴 1"在"标准电子测量探头零点校正：设定零点校正"窗口中消失。

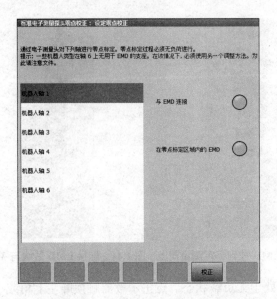

图1.47 "标准电子测量探头零点校正：设定零点校正"窗口　　**图1.48　A1轴零点标定位置**

（7）拔下MEMD上的线缆，将MEMD从标定测量筒上拧下，拧上A1轴标定头的防护盖。

（8）参照步骤（4）～步骤（7），分别完成A2轴、A3轴、A4轴、A5轴的零点标定。点击"标准电子测量探头零点校正：设定零点校正"窗口左侧的关闭按钮 ⊠，关闭该窗口。

（9）断开EMD的线缆与KR 3 R540工业机器人底座上X32端口的连接。

（10）点击示教器触摸屏左上角或示教器右下角机器人图标 ⟳，打开主菜单，点击"投入运行"→"调整"，如图1.45所示，点击"参考"，打开"基准零点校正"窗口，如图1.49所示。点击"基准零点校正"窗口中的"机器人轴6"，点击"校正"按钮，完成A6轴的零点标定，"基准零点校正"窗口中显示"无轴可校正"，如图1.50所示。示教器信息窗口提示"机器人校准完毕"。点击"基准零点校正"窗口左侧的关闭按钮 ⊠，关闭该窗口。

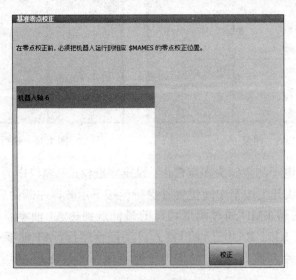

图1.49 "基准零点校正"窗口

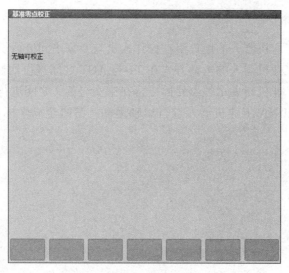

图 1.50　无轴可校正

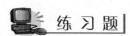 练 习 题

1. 选择题

（1）KUKA 工业机器人 T1 手动慢速运行方式下运行时，其执行程序或手动运行的最高速度为（　　）mm/s。

　　A. 50　　　　　　　　B. 200　　　　　　　　C. 250　　　　　　　　D. 500

（2）KR 3 R540 工业机器人的重复定位精度是（　　）mm。

　　A. ±0.01　　　　　　B. ±0.02　　　　　　C. ±0.05　　　　　　D. ±0.1

（3）KUKA 工业机器人的 AUT 运行方式表示（　　）。

　　A. 手动慢速运行方式　　　　　　　　B. 手动快速运行方式

　　C. 自动运行方式　　　　　　　　　　D. 外部自动运行方式

（4）KR 3 R540 工业机器人的自由度为（　　）。

　　A. 3　　　　　　　　B. 4　　　　　　　　C. 5　　　　　　　　D. 6

（5）进行 KUKA 工业机器人单轴运动的手动操作时，参照的坐标系应选择（　　）。

　　A. 　　　　　B. 　　　　　C. 　　　　　D.

（6）KUKA 工业机器人的运行方式（　　）用于测试运行、编程和示教。

　　A. T1　　　　　　　　B. T2　　　　　　　　C. AUT　　　　　　　　D. AUT-EXT

（7）工业机器人精度是指定位精度和（　　）。

　　A. 尺寸精度　　　　　B. 加工精度　　　　　C. 重复定位精度　　　D. 相对位置精度

2. 简答题

（1）简述工业机器人安全操作的注意事项。

（2）简述 KUKA 工业机器人确认开关的使用方法。

3. 实操题

（1）将 KUKA 工业机器人的用户组在操作人员与专家之间进行切换。

（2）将 KUKA 工业机器人的运动方式在 T1 与 AUT 之间进行切换。

（3）将 KUKA 工业机器人示教器界面语言在中文与英文之间进行切换。

（4）手动操作 KUKA 工业机器人进行单轴运动，参照全局坐标系进行线性运动和旋转运动。

（5）将 KUKA 工业机器人关机。

KUKA工业机器人坐标系的测量

学习目标

1. 能正确测量 KUKA 工业机器人的 TCP。
2. 能正确测量 KUKA 工业机器人工具的姿态。
3. 能正确测量 KUKA 工业机器人的基坐标系。

项目描述

手动操作 KUKA 工业机器人进行工具坐标系的测量、基坐标系的测量，为接下来对 KUKA 工业机器人的示教编程打下基础。

任务 2.1　KUKA 工业机器人工具坐标系的测量

2.1.1　KUKA 工业机器人工具坐标系的认知

测量工具坐标系即生成一个以工具的参照点为原点的笛卡儿坐标系。该工具的参照点被称为 TCP（Tool Center Point，工具中心点）。

未经测量的工具坐标系默认等同于法兰坐标系。测量工具坐标系包括测量 TCP 和测量工具的姿态。测量后记录工具坐标系原点相对于法兰坐标系的位置（用 X、Y、Z 表示）和工具坐标系相对于法兰坐标系的姿态（用 A、B、C 表示）。

KUKA 工业机器人
工具坐标系的认知

参照工具坐标系，手动操作时可以使安装在 KUKA 工业机器人法兰盘上的工具沿着工具的作业方向直线移动或环绕 TCP 旋转以改变姿态；程序运行中可以沿着 TCP 的轨迹保持已编程的运行速度。

2.1.2　KUKA 工业机器人 TCP 的测量

KUKA 工业机器人 TCP 测量的 XYZ 4 点法是将待测工具的 TCP 从 4 个不同方向移向一个参考点，机器人控制系统从不同的法兰位置值中计算出 TCP。移动至参考点的 4 个法兰位置，彼此必须间隔足够远，并且不

KUKA 工业机器
人 TCP 的测量

能位于同一平面内。

利用 XYZ 4 点法进行平口夹爪 TCP 的测量，以图 2.1 所示的尖点作为参考点，测量的操作步骤示例如下。

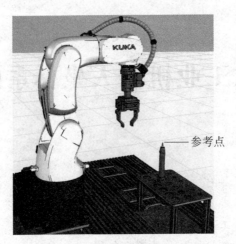

图 2.1　参考点

（1）将 KUKA 工业机器人设置为 T1 手动慢速运行方式，选择专家用户组。

（2）点击示教器触摸屏左上角或示教器右下角机器人图标 🔲，打开主菜单，点击"投入运行"，如图 2.2 所示，点击"工具／基坐标管理"→"工具工件"→"添加"按钮，设置平口夹爪工具的编号和名称，点击"测量"→"XYZ 4 点法"，如图 2.3 所示，打开 XYZ 4 点法测量窗口。

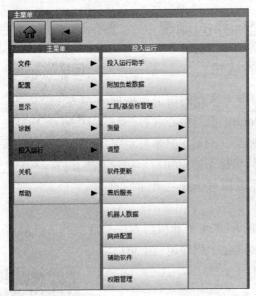

图 2.2　投入运行

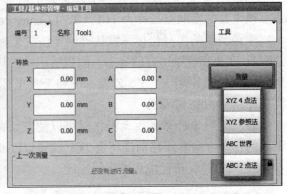

图 2.3　选择 XYZ 4 点法测量 Tool1

（3）在 XYZ 4 点法测量窗口点击"测量点 1"，参照轴坐标系和全局坐标系手动操作 KUKA 工业机器人，使得待测平口夹爪工具的 TCP 对齐参考点，如图 2.4 所示。点击示教器触摸屏下方的 Touch-Up 按钮，记录测量点 1，如图 2.5 所示。

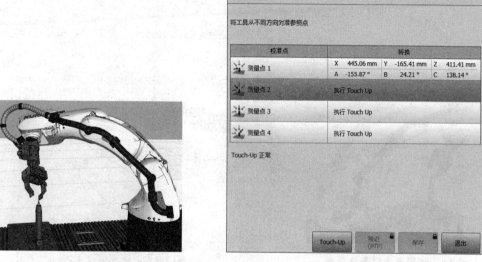

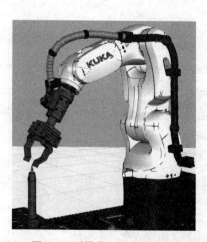

图 2.4 测量点 1 对齐参考点

图 2.5 记录测量点 1

（4）点击"测量点 2"，参照轴坐标系和全局坐标系手动操作 KUKA 工业机器人，使得待测平口夹爪工具的 TCP 对齐参考点，如图 2.6 所示。点击示教器触摸屏下方的 Touch-Up 按钮，记录测量点 2，如图 2.7 所示。

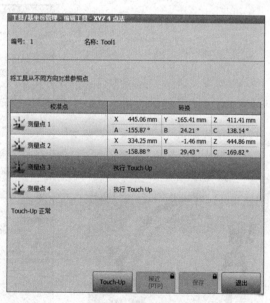

图 2.6 测量点 2 对齐参考点

图 2.7 记录测量点 2

（5）点击"测量点 3"，参照轴坐标系和全局坐标系手动操作 KUKA 工业机器人，使得待测平口夹爪工具的 TCP 对齐参考点，如图 2.8 所示。点击示教器触摸屏下方的 Touch-Up 按钮，记录测量点 3，如图 2.9 所示。

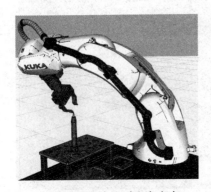

图 2.8 测量点 3 对齐参考点

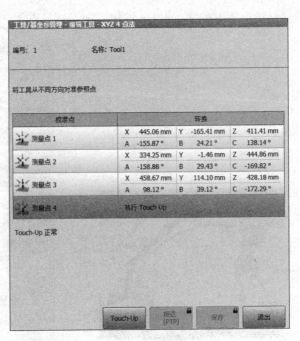

图 2.9 记录测量点 3

（6）点击"测量点 4"，参照轴坐标系和全局坐标系手动操作 KUKA 工业机器人，使得待测平口夹爪工具的 TCP 对齐参考点，如图 2.10 所示。点击示教器触摸屏下方的 Touch-Up 按钮，记录测量点 4，如图 2.11 所示。

图 2.10 测量点 4 对齐参考点

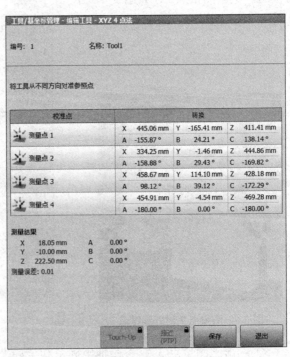

图 2.11 记录测量点 4

（7）查看测量误差，若符合要求，则点击"保存"按钮完成 TCP 的测量。

（8）点击示教器触摸屏右侧移动键参照的坐标系图标，选择"全局"，如图 2.12 所示。点击示教器触摸屏状态栏中的工具图形图标 ，在"激活的基坐标/工具"窗口"工具选择"下拉列表中选择平口夹爪工具 Tool1，如图 2.13 所示。将确认开关按至中间位置并保持，分别按下 A、B、C 对应的"+"或"−"移动键，调整平口夹爪工具的姿态，验证 TCP 的准确性。

图 2.12　选择全局坐标系

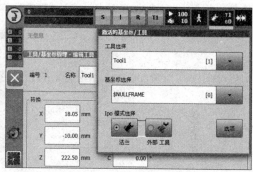

图 2.13　选择工具 Tool1

通过 XYZ 4 点法测得的平口夹爪工具的工具坐标系如图 2.14 所示。通过 XYZ 4 点法只确定了待测 TCP 相对于 KUKA 工业机器人法兰盘中心点的位置。待测工具坐标系 X、Y、Z 轴的方向默认与法兰坐标系的方向一致。

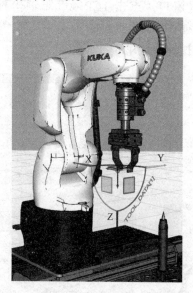

图 2.14　XYZ 4 点法测得的工具坐标系 Tool1

2.1.3　KUKA 工业机器人工具姿态的测量

KUKA 工业机器人工具姿态测量的 ABC 2 点法是通过趋近工具坐标系 X 轴上的一个

**KUKA 工业机器人
工具姿态的测量**

点和 XY 平面上的一个点使机器人控制系统确定工具坐标系的各个轴的方向。

利用 ABC 2 点法进行平口夹爪工具姿态的测量，以图 2.1 所示的尖点作为参考点，测量的步骤如下。

（1）将 KUKA 工业机器人设置为 T1 手动慢速运行方式，选择专家用户组。

（2）点击示教器触摸屏左上角或示教器右下角机器人图标🔄，打开主菜单，点击"投入运行"→"工具/基坐标管理"→"工具工件"，选择已经测量的平口夹爪工具 Tool1，点击"测量"→"ABC 2 点法"，如图 2.15 所示，打开 ABC 2 点法测量窗口。

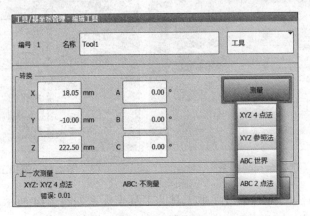

图 2.15　选择 ABC 2 点法测量 Tool1

（3）在 ABC 2 点法测量窗口，点击 TCP，参照轴坐标系和全局坐标系手动操作 KUKA 工业机器人，使得待测平口夹爪工具的 TCP 对齐参考点，如图 2.16 所示。点击示教器触摸屏下方的 Touch-Up 按钮，记录 TCP，如图 2.17 所示。

图 2.16　TCP 对齐参考点

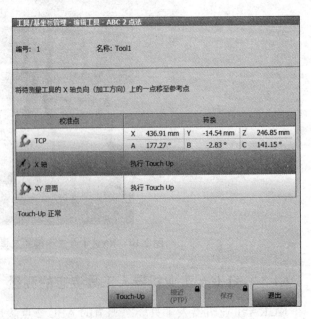

图 2.17　记录 TCP

（4）点击"X轴"，参照轴坐标系和全局坐标系手动操作 KUKA 工业机器人，使得待测平口夹爪工具坐标系 X 轴负方向上的一点对齐参考点，如图 2.18 所示。点击示教器触摸屏下方的 Touch-Up 按钮，记录 X 轴，如图 2.19 所示。

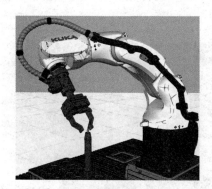

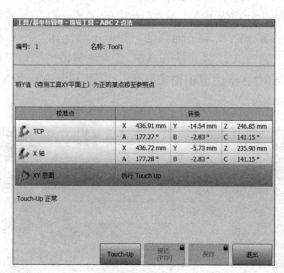

图 2.18　使工具坐标系 X 轴负方向上的一点对齐参考点

图 2.19　记录 X 轴

（5）点击"XY 层面"，参照轴坐标系和全局坐标系手动操作 KUKA 工业机器人，使得待测平口夹爪工具坐标系 Y 轴正方向上的一点对齐参考点，如图 2.20 所示。点击示教器触摸屏下方的 Touch-Up 按钮，记录 XY 层面，如图 2.21 所示，点击"保存"按钮完成工具姿态的测量。

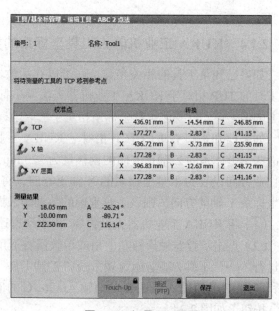

图 2.20　使工具坐标系 Y 轴正方向上的一点对齐参考点

图 2.21　记录 XY 层面

（6）点击示教器触摸屏右侧移动键参照的坐标系图标，选择"工具"，如图 2.22 所示。点击示教器触摸屏状态栏中的工具图形图标，在"激活的基坐标 / 工具"窗口的"工具选择"下拉列表中选择平口夹爪工具 Tool1，如图 2.13 所示。将确认开关按至中间位置并保持，分别按下 X、Y、Z 对应的"+"或"-"移动键，使平口夹爪分别沿设置的工具坐标系 X、Y、Z 轴方向移动，验证工具坐标系各轴方向的准确性。

通过 XYZ 4 点法和 ABC 2 点法测得的平口夹爪工具的工具坐标系如图 2.23 所示。通过 ABC 2 点法可根据实际要求设置工具坐标系 X、Y、Z 轴的方向，即设置工具的作业方向。

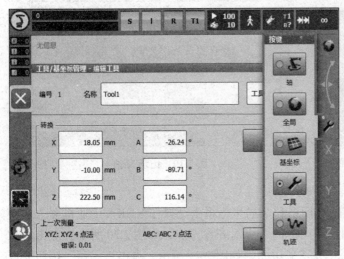

图 2.22　选择工具坐标系

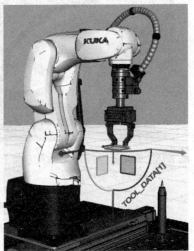

图 2.23　XYZ 4 点法和 ABC 2 点法测得的工具坐标系 Tool1

2.1.4　KUKA 工业机器人工具坐标系的数字输入

如果已知某工具的相关参数，就可以在示教器触摸屏上直接输入该工具的 TCP 相对于 KUKA 工业机器人法兰坐标系的 X、Y、Z 轴方向上的偏移量，以及该工具坐标系相对于法兰坐标系的转角。

KUKA 工业机器人工具坐标系的数字输入

如果已知平口夹爪的 TCP 相对于 KUKA 工业机器人法兰盘中心点沿法兰坐标系的 Z 轴正方向的偏移量为 220mm，且需要将平口夹爪的作业方向设置为工具坐标系的 X 轴正方向，将平口夹爪夹紧松开动作方向设置为沿工具坐标系 Y 轴的方向，则该工具坐标的数据输入操作步骤示例如下。

（1）将 KUKA 工业机器人设置为 T1 手动慢速运行方式，选择专家用户组。

（2）点击示教器触摸屏左上角或示教器右下角机器人图标，打开主菜单，点击"投入运行"→"工具 / 基坐标管理"→"工具工件""添加"按钮，设置平口夹爪工具的编号和名称，Z 的值输入 220，B 的值输入 -90，C 的值输入 90，点击示教器触摸屏下方的"保存"按钮，如图 2.24 所示。

通过数字输入创建的平口夹爪的工具坐标系 Tool2，如图 2.25 所示。

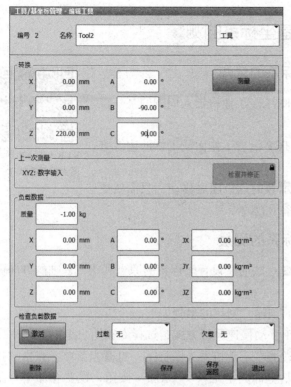

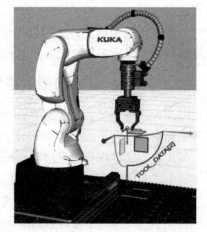

图 2.24　工具坐标系的数字输入　　　　图 2.25　数字输入创建的工具坐标系 Tool2

2.1.5　KUKA 工业机器人工具坐标系的编辑

对已经测量或数字输入的工具坐标系，可以通过示教器触摸屏进行编辑。对通过 XYZ 4 点法和 ABC 2 点法测量获得的平口夹爪的工具坐标系 Tool1 编辑步骤如下。

（1）将 KUKA 工业机器人设置为 T1 手动慢速运行方式，选择专家用户组。

（2）点击示教器触摸屏左上角或示教器右下角机器人图标 🕗，打开主菜单，点击"投入运行"→"工具 / 基坐标管理"→"工具工件"，Tool1，点击"编辑"按钮，可在如图 2.26 所示的窗口上测量或检查并修正 Tool1。

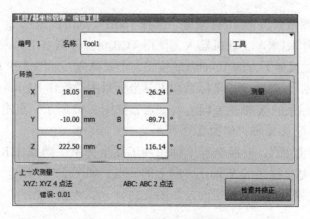

图 2.26　工具坐标系的编辑

任务 2.2　KUKA 工业机器人基坐标系的测量

2.2.1　KUKA 工业机器人基坐标系的认知

KUKA 工业机器人
基坐标系的认知

测量基坐标系即根据全局坐标系在 KUKA 工业机器人周围的某一位置上创建坐标系。

参照基坐标系，手动操作时可以使 TCP 沿着工作面或工件的边缘方向直线移动。

如果工作面被移动，参照基坐标系示教的点也随之移动，只需要更新基坐标系，无须重新示教参照基坐标系示教的点。

2.2.2　KUKA 工业机器人基坐标系的测量

KUKA 工业机器人基坐标系测量的 3 点法通过设置坐标系的原点和 X、Y 轴的方向创建基坐标系。

利用 3 点法进行仓储平台基坐标系的创建，测量的步骤如下。

（1）将 KUKA 工业机器人设置为 T1 手动慢速运行方式，选择专家用户组。

（2）点击示教器触摸屏左上角或示教器右下角机器人图标，打开主菜单，点击"投入运行"→"工具 / 基坐标管理"→"基坐标固定工具""添加"按钮，设置仓储平台基坐标的编号和名称，点击"测量"→"3 点"打开 3 点法测量窗口，如图 2.27 所示。

KUKA 工业机器人基坐标的测量

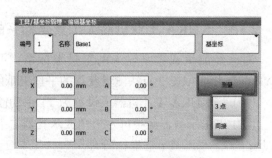

图 2.27　选择 3 点法测量 Base1

（3）在 3 点法测量窗口，"工具参考"选择 Tool1，点击"原点"，参照全局坐标系和工具坐标系手动操作 KUKA 工业机器人，使得 TCP 对齐待测基坐标系的原点，如图 2.28 所示。点击示教器触摸屏下方的 Touch-Up 按钮，记录原点，如图 2.29 所示。

（4）点击"X 轴"，参照全局坐标系和工具坐标系手动操作 KUKA 工业机器人，使得 TCP 对齐待测基坐标系的 X 轴正方向上的一点，如图 2.30 所示。点击示教器触摸屏下方的 Touch-Up 按钮，记录 X 轴，如图 2.31 所示。

（5）点击"XY 层面"，参照全局坐标系和工具坐标系手动操作 KUKA 工业机器人，使得 TCP 对齐待测基坐标系的 Y 轴正方向上的一点，如图 2.32 所示。点击示教器触摸屏下方的 Touch-Up 按钮，记录 XY 层面，如图 2.33 所示，点击"保存"按钮完成基坐标系的测量。

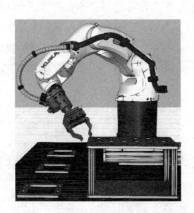

图 2.28 TCP 与基坐标系原点对齐

图 2.29 记录原点

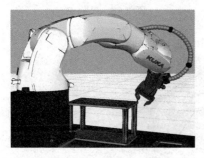

图 2.30 TCP 与基坐标系 X 轴正方向上的一点对齐

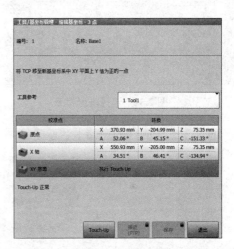

图 2.31 记录 X 轴

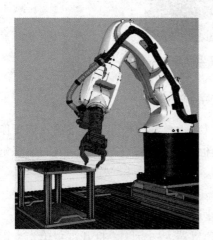

图 2.32 TCP 与基坐标系 Y 轴正方向上的一点对齐

图 2.33 记录 XY 层面

（6）点击示教器触摸屏右侧移动键参照的坐标系图标，选择"基坐标"，如图2.34所示。点击示教器触摸屏状态栏中的工具图形图标 ，在"激活的基坐标/工具"窗口的"基坐标选择"下拉列表中选择仓储平台基坐标系Base1，如图2.35所示。将确认开关按至中间位置并保持，分别按下X、Y、Z、A、B、C对应的"+"或"-"移动键，使TCP分别参照设置的基坐标系X、Y、Z轴方向移动或旋转，验证基坐标系各轴方向的准确性。

图2.34　选择基坐标系

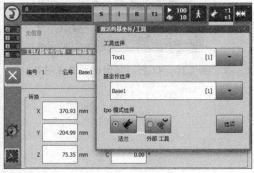
图2.35　选择Base1

通过3点法测得的仓储平台基坐标系Base1如图2.36所示。

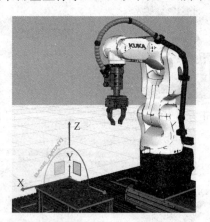
图2.36　3点法测得的基坐标系Base1

2.2.3　KUKA工业机器人基坐标系的数字输入

如果已知某工作面或工件的相关参数，就可以在示教器触摸屏上直接输入该工作面或工件的基坐标系相对于KUKA工业机器人全局坐标系的X、Y、Z轴方向上的偏移量，以及该基坐标系相对于全局坐标系的转角。

基坐标的数据输入操作步骤示例如下。

（1）将KUKA工业机器人设置为T1手动慢速运行方式，选择专家用户组。

（2）点击示教器触摸屏左上角或示教器右下角机器人图标 ，打开主菜单，点击"投入运行"→"工具 / 基坐标管理"→"基坐标固定工具"→"添加"按钮，设置基坐标系的编号和名称，根据待创建基坐标系相对于 KUKA 工业机器人全局坐标系的 X、Y、Z 轴方向上的偏移量设置 X、Y、Z 的值，根据待创建基坐标系相对于全局坐标系的转角设置 A、B、C 的值，点击示教器触摸屏下方的"保存"按钮，如图 2.37 所示。

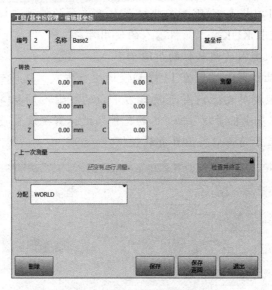

图 2.37　基坐标系的数字输入

2.2.4　KUKA 工业机器人基坐标系的编辑

对已经测量或数字输入的基坐标系，可以通过示教器触摸屏进行编辑。对通过 3 点法测量获得的仓储平台的基坐标系 Base1 编辑步骤如下。

（1）将 KUKA 工业机器人设置为 T1 手动慢速运行方式，选择专家用户组。

（2）点击示教器触摸屏左上角或示教器右下角的机器人图标 ，打开主菜单，点击"投入运行"→"工具 / 基坐标管理"→"基坐标固定工具"，选择 Base1，点击"编辑"按钮，可在如图 2.38 所示的窗口上测量或检查并修正 Base1。

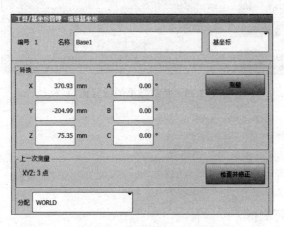

图 2.38　基坐标系的编辑

项目拓展

KUKA 工业机器人负载数据的设置

设置负载数据，可以提高 KUKA 工业机器人工作时的精度，使运动过程具有最佳的运动节拍，同时可以延长 KUKA 工业机器人的使用寿命。

设置 KUKA 工业机器人负载数据的步骤如下。

（1）将 KUKA 工业机器人设置为 T1 手动慢速运行方式，选择专家用户组。

（2）点击示教器触摸屏左上角或示教器右下角的机器人图标🖱，打开主菜单，点击"投入运行"→"工具/基坐标管理"→"工具工件"，选择需要设置的工具或工件，点击"编辑"按钮，在图 2.39 所示的窗口上设置负载数据。

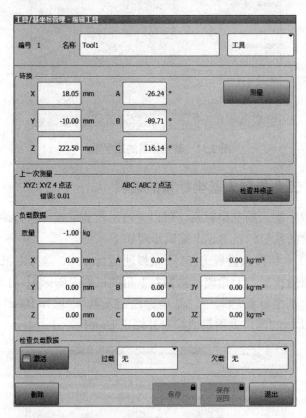

图 2.39 负载数据的设置窗口

练习题

1. 选择题

（1）XYZ 4 点法可测得（   ）。

    A. TCP   B. 工具坐标系的 X 轴

　　　　C. 工具坐标系的 Y 轴　　　　　　D. 工具坐标系的 Z 轴

（2）ABC 2 点法可测得（　　　）。

　　　　A. TCP　　　　　　　B. 工具的姿态　　　C. 基坐标系　　　　D. 全局坐标系

（3）3 点法可测得（　　　）。

　　　　A. TCP　　　　　　　B. 工具的姿态　　　C. 基坐标系　　　　D. 全局坐标系

（4）下列（　　　）代表工具坐标系。

　　　　A. ⊙🌐　　　　　B. ⊙🪟　　　　C. ⊙🔧　　　　D. ⊙🛠

2. 简答题

（1）为什么要测量工具坐标系？

（2）为什么要测量基坐标系？

3. 实操题

创建如图 2.40 所示的绘图笔的工具坐标系和绘图板的基坐标系。

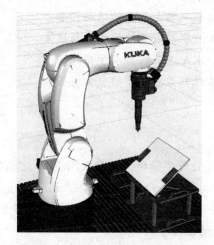

图 2.40　测量工具坐标系和基坐标系

KUKA工业机器人绘图操作编程

 学习目标

1. 能正确创建与编辑 KUKA 工业机器人的程序模块。
2. 能正确使用 KUKA 工业机器人常用的运动指令。
3. 能正确实现 KUKA 工业机器人文件的备份与恢复。
4. 能正确编写并调用 KUKA 工业机器人子程序。
5. 能正确实现 KUKA 工业机器人程序的自动运行。

项目描述

创建 KUKA 工业机器人的程序模块，使用 KUKA 工业机器人常用的运动指令完成如图 3.1 所示的绘图任务。将绘图任务分解为子任务，用子程序实现各子任务，用主程序调用子程序完成整个绘图任务。程序调试过程中注意备份。程序调试完成后，使 KUKA 工业机器人在自动状态下完成绘图任务。

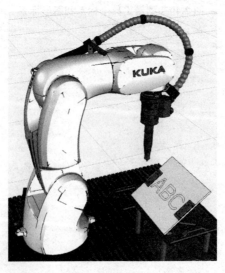

图 3.1 绘图任务

任务 3.1 KUKA 工业机器人程序模块的创建与编辑

3.1.1 KUKA 工业机器人程序模块的创建

KUKA 工业机器人
程序模块的创建

程序是工业机器人为执行某种任务而设置的动作顺序描述，保存了工业机器人运动轨迹、作业动作等工作所需的指令和数据。KUKA 工业机器人的编程语言被称作 KRL。用 KRL 编写的程序被称作 KRL 程序。

在 KUKA 工业机器人示教器里有一个导航器，如图 3.2 所示。导航器中的程序模块应保存在 Program 文件夹中，也可以将程序模块保存在新建的文件夹中。模块用字母 M 标识。模块的注释可含有程序功能的简短说明。

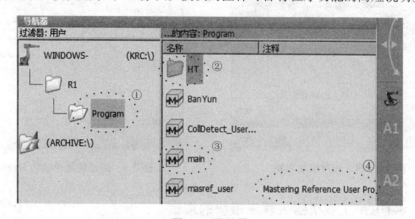

图 3.2 导航器

①—程序的主文件夹 Program；②—其他程序的子文件夹；③—程序模块；④—程序模块的注解

程序模块由源代码 src 文件和数据列表 dat 文件两部分组成。源代码 src 文件用来存储程序源代码。数据列表 dat 文件用来存储标准类型的数据、点坐标等程序数据，在专家或者更高权限用户组登录状态下可见。

创建 KUKA 工业机器人程序模块的操作步骤示例如下。

（1）将 KUKA 工业机器人设置为 T1 手动慢速运行方式，选择专家用户组。

（2）在导航器左侧窗口目录结构中选择要在其中创建程序模块的文件夹，点击导航器右侧窗口，点击示教器触摸屏左下角的"新"按钮，在导航器左侧"选择模板"窗口中点击"Modul模块"，点击示教器触摸屏右下角的 OK 按钮，如图 3.3 所示。

（3）输入程序模块名称 HuiTu，必要时输

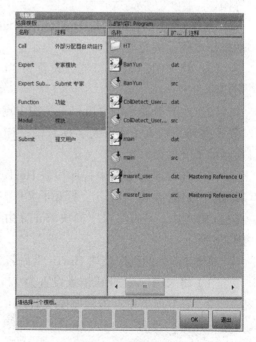

图 3.3 创建程序模块

入注释，点击键盘上的回车键 ⤶，或点击示教器触摸屏右下角的 OK 按钮，如图 3.4 所示。创建的程序模块 HuiTu 如图 3.5 所示。

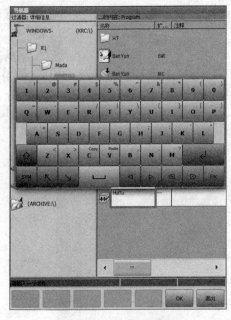

图 3.4　输入程序模块名称

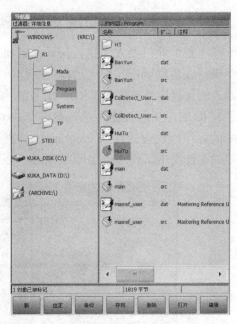

图 3.5　创建的程序模块 HuiTu

3.1.2　KUKA 工业机器人程序模块的编辑

KUKA 工业机器人
程序模块的编辑

KUKA 工业机器人程序模块的编辑包括剪切、重命名、备份、删除等操作。

将图 3.5 中的程序模块 HuiTu 由 Program 文件夹剪切到子文件夹 HT 的操作步骤示例如下。

（1）将 KUKA 工业机器人设置为 T1 手动慢速运行方式，选择专家用户组。

（2）在导航器左侧窗口目录结构中点击 Program 文件夹，点击示教器触摸屏左下角的"新"按钮，输入子文件夹名称 HT，点击示教器触摸屏右下角的 OK 按钮，创建如图 3.5 所示的子文件夹 HT。

（3）在导航器中选中程序模块 HuiTu 的 src 和 dat 文件，点击示教器触摸屏右下角的"编辑"按钮，点击"剪切"，打开子文件夹 HT，点击示教器触摸屏右下角的"编辑"按钮，点击"添加"，完成将程序模块 HuiTu 由 Program 文件夹剪切到子文件夹 HT 的操作，如图 3.6 所示。

将图 3.6 中的程序模块 HuiTu 重命名为 HuiTu2 的操作步骤示例如下。

（1）将 KUKA 工业机器人设置为 T1 手动慢速运行方式，选择专家用户组。

（2）在导航器中点击程序模块 HuiTu 的 dat 文件，点击示教器触摸屏右下角的"编辑"按钮，点击"改名"，输入 HuiTu2，如图 3.7 所示，按回车键 ⤶ 或点击示教器触摸屏右下角的 OK 按钮。

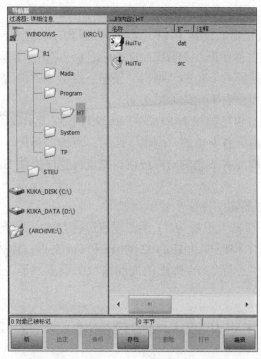

图 3.6　程序模块 HuiTu 剪切到子文件夹 HT

（3）在导航器中点击程序模块 HuiTu 的 src 文件，点击示教器触摸屏右下角的"编辑"按钮，点击"改名"，输入 HuiTu2，如图 3.8 所示，按回车键 或点击示教器触摸屏右下角的 OK 按钮，完成程序模块 HuiTu 重命名为 HuiTu2 的操作。

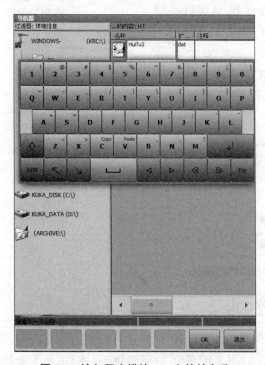

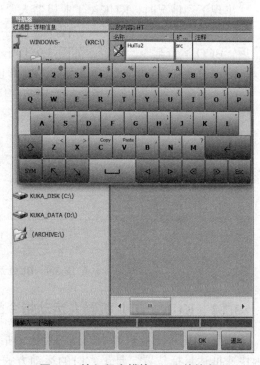

图 3.7　输入程序模块 dat 文件的名称　　　　**图 3.8　输入程序模块 src 文件的名称**

将程序模块 HuiTu2 备份为 HuiTu3 的操作步骤示例如下。

（1）将 KUKA 工业机器人设置为 T1 手动慢速运行方式，选择专家用户组。

（2）在导航器中点击程序模块 HuiTu2 的 dat 文件，点击示教器触摸屏下方的"备份"按钮，或点击示教器触摸屏右下角的"编辑"按钮，点击"备份"，输入 HuiTu3，按回车键 ↵ 或点击示教器触摸屏右下角的 OK 按钮。

（3）在导航器中点击程序模块 HuiTu2 的 src 文件，点击示教器触摸屏下方的"备份"按钮，或点击示教器触摸屏右下角的"编辑"按钮，点击"备份"，输入 HuiTu3，按回车键 ↵ 或点击示教器触摸屏右下角的 OK 按钮，完成将程序模块 HuiTu2 备份为 HuiTu3 的操作。

将程序模块 HuiTu2 删除的操作步骤示例如下。

（1）将 KUKA 工业机器人设置为 T1 手动慢速运行方式，选择专家用户组。

（2）在导航器中选中程序模块 HuiTu2 的 src 和 dat 文件，点击示教器触摸屏右下角的"编辑"按钮，点击"删除"，在弹出的询问窗口中点击"是"按钮，完成将程序模块 HuiTu2 删除的操作。

任务 3.2　KUKA 工业机器人的编程调试

3.2.1　KUKA 工业机器人的 BCO 运行

KUKA 工业机器人的 BCO 运行

BCO 是 Block Coincidence（程序段重合）的缩写，重合的意思是"一致"及"时间/空间事件的会合"。为了使 KUKA 工业机器人当前的位置与程序中的当前点位置保持一致，必须执行 BCO 运行。

出现下列情况时，KUKA 工业机器人要进行 BCO 运行。

（1）选定程序、程序复位、程序运行时手动移动：选定程序或程序复位后，BCO 运行至原始位置，如图 3.9 ①所示。

（2）更改程序：更改运动指令后，执行 BCO 运行，如图 3.9 ②所示。

（3）语句行选择：进行语句行选择后，执行 BCO 运行，如图 3.9 ③所示。

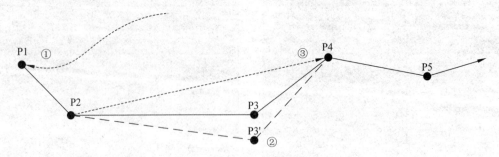

图 3.9　BCO 运行原因的举例

3.2.2　KUKA 工业机器人运动指令的应用

执行 KUKA 工业机器人的点到点运动指令 PTP，可以使 TCP 在可以到达的空间范围内快速抵达目标位置，是最省时的运动方式。如图 3.10 所示的实线轨迹，KUKA 工业机器人执行点到点运动指令 PTP，TCP 从 P1 点运动到 P2 点，运动轨迹不一定是直线，运动轨迹无法精确预知。在调试 KUKA 工业机器人工作站时，如果使用 PTP 指令，应在障碍物附近降低速度来测试工业机器人的运动轨迹，防止可能发生的干涉，防止造成部件、工具或工业机器人损坏。PTP 指令联机表格如图 3.11 所示，指令中各参数的说明如表 3.1 所示。

KUKA 工业机器人
运动指令的应用

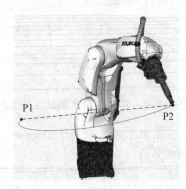

图 3.10 执行 PTP 指令时的运动轨迹

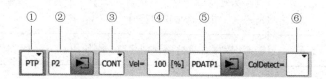

图 3.11 PTP 指令联机表格

表 3.1 PTP 指令参数说明

序　号	说　　明
①	运动方式：PTP
②	目标点的名称：系统自动赋予一个名称。名称可以被改写。需要编辑点数据时可以点击箭头，相关选项窗口打开
③	CONT：目标点被轨迹逼近；空白：TCP 准确到达目标点
④	运动速度：1%~100%
⑤	运动数据组的名称：系统自动赋予一个名称。名称可以被改写。需要编辑点数据时可以点击箭头，相关选项窗口打开
⑥	碰撞识别：如果碰撞识别开启，则使用 CDSet【编号】中的数值

执行 KUKA 工业机器人的线性运动指令 LIN，可以使 TCP 在可以到达的空间范围内从起始点沿直线运动到目标点，TCP 精确地沿着定义的轨迹运动，如图 3.12 所示。LIN 指令联机表格如图 3.13 所示，指令中各参数的说明如表 3.2 所示。

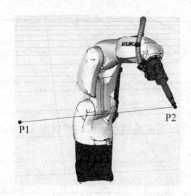

图 3.12 执行 LIN 指令时的运动轨迹

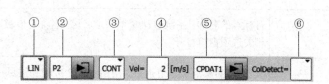

图 3.13 LIN 指令联机表格

表 3.2 LIN 指令参数说明

序 号	说 明
①	运动方式：LIN
②	目标点的名称：系统自动赋予一个名称。名称可以被改写。需要编辑点数据时可以点击箭头，相关选项窗口打开
③	CONT：目标点被轨迹逼近；空白：TCP 准确到达目标点
④	运动速度：0.001~2m/s
⑤	运动数据组的名称：系统自动赋予一个名称。名称可以被改写。需要编辑点数据时可以点击箭头，相关选项窗口打开
⑥	碰撞识别：如果碰撞识别开启，则使用 CDSet【编号】中的数值

　　执行 KUKA 工业机器人的圆弧运动指令 CIRC，可以使 TCP 在可以到达的空间范围内从起始点沿圆弧轨迹经过辅助点运动到目标点，如图 3.14 所示。CIRC 指令联机表格如图 3.15 所示，指令中各参数的说明如表 3.3 所示。

图 3.14 执行 CIRC 指令时的运动轨迹

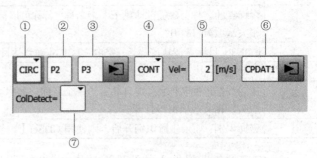

图 3.15 CIRC 指令联机表格

表 3.3 CIRC 指令参数说明

序 号	说 明
①	运动方式：CIRC
②	辅助点的名称：系统自动赋予一个名称。名称可以被改写
③	目标点的名称：系统自动赋予一个名称。名称可以被改写。需要编辑点数据时可以点击箭头，相关选项窗口打开
④	CONT：目标点被轨迹逼近；空白：TCP 准确到达目标点
⑤	运动速度：0.001~2m/s

续表

序　号	说　明
⑥	运动数据组的名称：系统自动赋予一个名称。名称可以被改写。需要编辑点数据时可以点击箭头，相关选项窗口打开
⑦	碰撞识别：如果碰撞识别开启，则使用 CDSet【编号】中的数值

点击如图 3.11 和图 3.13 所示的 PTP、LIN 指令的联机表格中②指向的目标点名称后面的箭头 ，或图 3.15 所示的 CIRC 指令的联机表格中③指向的目标点名称后面的箭头 ，打开如图 3.16 所示的选项窗口，可以设置工具坐标系、基坐标系及是否使用外部 TCP。

KUKA 工业机器人控制系统在运行程序时具有预进的功能，能够提前计划接下来的运动。图 3.11 和图 3.13 所示的 PTP、LIN 指令的联机表格③指向的参数和图 3.15 所示的 CIRC 指令联机表格中④指向的参数表示该运动指令是否使用轨迹逼近。轨迹逼近表示 TCP 不会准确运动至该运动指令设置的目标点。

当 PTP 运动使用轨迹逼近时，TCP 离开可以准确到达目标点的轨迹，沿着另一条更快的轨迹运动，轨迹逼近的轨迹曲线不可预见，编程时可以设置轨迹逼近距离。当 LIN 运动使用轨迹逼近时，TCP 离开可以准确到达目标点的轨迹，沿着另一条更快的轨迹运动，编程时可以设置轨迹逼近距离。当 CIRC 运动使用轨迹逼近时，TCP 可以准确运动至辅助点，TCP 离开可以准确到达目标点的轨迹，沿着另一条更快的轨迹运动，编程时可以设置轨迹逼近距离。

点击如图 3.11 所示的 PTP 指令的联机表格中⑤指向的目标点名称后面的箭头 ，打开如图 3.17 所示的选项窗口，可以设置点到点运动的"加速度"或"轨迹逼近距离"。

点击如图 3.13 所示的 LIN 指令的联机表格中⑤指向的目标点名称后面的箭头 ，打开如图 3.18 所示的选项窗口，可以设置线性运动的"加速度""轨迹逼近距离"或"姿态引导"。

点击如图 3.15 所示的 CIRC 指令的联机表格中⑥指向的目标点名称后面的箭头 ，打开如图 3.19 所示的选项窗口，可以设置圆弧运动的"加速度""轨迹逼近距离""姿态引导"或"圆周的姿态导引"。

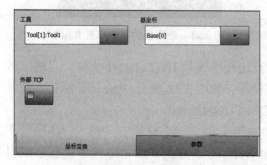

图 3.16　坐标变换

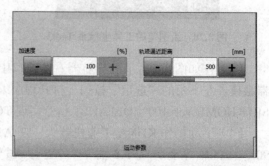

图 3.17　PTP 指令联机表格的运动参数

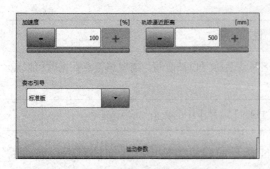

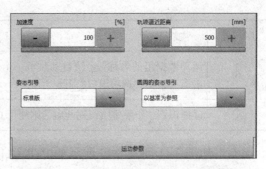

图 3.18　LIN 指令联机表格的运动参数　　　　图 3.19　CIRC 指令联机表格的运动参数

在如图 3.5 所示的程序模块 HuiTu 中编程，完成图 3.1 中绘制字母 A 的任务，操作步骤示例如下。

（1）将 KUKA 工业机器人设置为 T1 手动慢速运行方式，选择专家用户组，设置合适的手动倍率。

（2）采用数字输入的方法设置绘图笔的工具坐标系 Tool3，如图 3.20 所示，X、Y 的值都设置为 0mm，Z 的值设置为 208mm，A、B、C 的值都设置为 0°。实际操作过程中如果无法预知绘图笔的相关参数，可以采用 XYZ 4 点法测量绘图笔的工具坐标系。采用 3 点法设置如图 3.21 所示的绘图板的基坐标系 Base3。点击示教器触摸屏状态栏中的工具图形图标，在"激活的基坐标 / 工具"窗口"工具选择"下拉列表中选择绘图笔工具 Tool3，在"基坐标选择"下拉列表中选择绘图板基坐标系 Base3，在"iop 模式选择"中选择"法兰"，如图 3.22 所示。

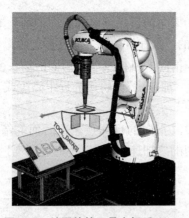

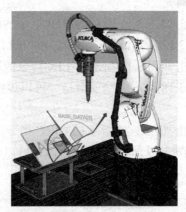

图 3.20　绘图笔的工具坐标系 Tool3　　　　图 3.21　绘图板的基坐标系 Base3

（3）在如图 3.5 所示的导航器右侧窗口中点击程序模块 HuiTu 的 src 文件，点击示教器触摸屏左下角的"选定"按钮，打开程序编辑器，如图 3.23 所示，INI 为初始化，两条 SPTP HOME Vel=100% DEFAULT 指令实现 TCP 回 HOME 点。

（4）手动操作 KUKA 工业机器人，使 A1 轴等于 0°、A2 轴等于 –90°、A3 轴等于 90°、A4 轴等于 0°、A5 轴等于 90°、A6 轴等于 0°。点击如图 3.23 所示的程序编辑器第 3 行的 SPTP HOME Vel=100% DEFAULT 指令，点击示教器触摸屏下方的 Touch-Up 按钮，在弹出的询问窗口中点击"是"按钮，将此位置设置为 HOME 点，示教器信息窗

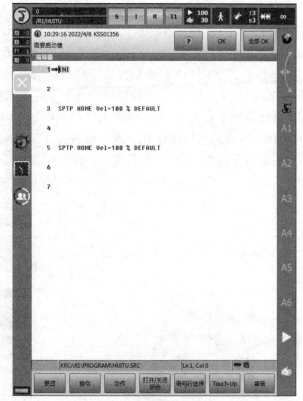

图 3.22　激活 Tool3 和 Base3

图 3.23　程序编辑器

口提示"当前坐标已应用于点 XHOME 中"。

（5）规划绘制字母 A 的 TCP 轨迹，如图 3.24 所示。

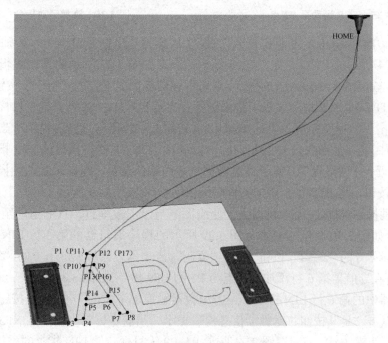

图 3.24　绘制字母 A 的 TCP 轨迹

（6）手动操作 KUKA 工业机器人，使绘图笔与绘图板垂直，TCP 运动至如图 3.24 所示的 P2 点，如图 3.25 所示。点击如图 3.23 所示的程序编辑器的第 3 行 SPTP HOME Vel=100% DEFAULT 指令，点击示教器触摸屏下方的"指令"按钮，点击"运动"，如图 3.26 所示，点击 LIN，将 LIN 指令联机表格添加到程序编辑器中。将 LIN 指令的目标点的名称设置为 P2，点击示教器触摸屏下方的 Touch-Up 按钮，示教器信息窗口提示"当前坐标已应用于点 XP2 中"；如图 3.13 所示的③指向的参数选择空白，使得执行该 LIN 指令时 TCP 准确到达目标点 P2；速度设置为 0.5m/s；运动数据组采用默认设置。点击示教器触摸屏右下角的"指令 OK"按钮，将 LIN 指令添加到程序编辑器中，如图 3.27 所示。

图 3.25　TCP 运动至 P2 点　　　　　　图 3.26　添加运动指令

（7）手动操作 KUKA 工业机器人，使 TCP 参照基坐标系 Base3 的 Z 轴的正方向运动到如图 3.24 所示的 P1 点，如图 3.28 所示。点击如图 3.27 所示的程序编辑器的第 3 行 SPTP HOME Vel=100% DEFAULT 指令，点击示教器触摸屏下方的"指令"按钮，点击"运动"，点击 PTP，将 PTP 指令联机表格添加到程序编辑器中。将 PTP 指令目标点的名称设置为 P1，点击示教器触摸屏下方的 Touch-Up 按钮，示教器信息窗口提示"当前坐标已应用于点 XP1 中"；在如图 3.11 中③指向的参数选择 CONT，使得执行该 PTP 指令时目标点 P1 被轨迹逼近；速度设置为 50%；运动数据组采用默认设置。点击示教器触摸屏右下角的"指令 OK"按钮，将 PTP 指令添加到程序编辑器中，如图 3.29 所示。

（8）手动操作 KUKA 工业机器人，使绘图笔与绘图板垂直，TCP 运动至如图 3.24 所示的 P3 点，如图 3.30 所示。点击如图 3.29 所示的程序编辑器的第 5 行 LIN 指令，点击示教器触摸屏下方的"编辑"按钮，点击"复制"，点击示教器触摸屏下方的"编辑"按钮，点击"添加"，在导航器第 6 行添加目标点为 P3 的 LIN 指令，如图 3.31 所示。点击如图 3.31 所示的导航器中的第 6 行 LIN 指令，点击示教器触摸屏下方的 Touch-Up 按钮，在弹出的询问窗口中点击"是"按钮，示教器信息窗口提示"当前坐标已应用于点 XP3 中"。

（9）参照步骤（8），完成以图 3.24 所示 P4~P9 为目标点的 LIN 指令的添加，如图 3.32

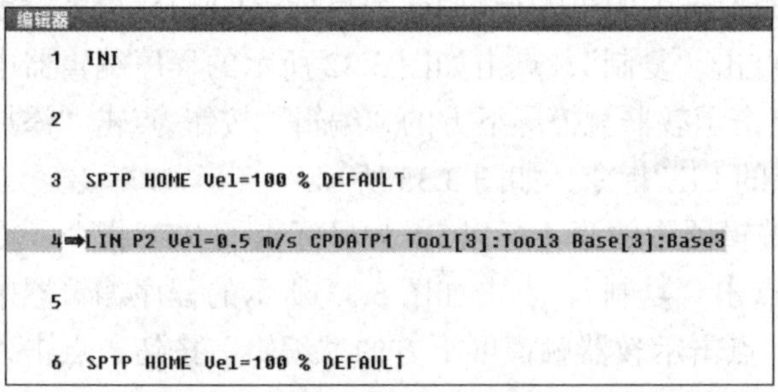

```
编辑器
  1  INI

  2

  3  SPTP HOME Vel=100 % DEFAULT

  4⇒LIN P2 Vel=0.5 m/s CPDATP1 Tool[3]:Tool3 Base[3]:Base3

  5

  6  SPTP HOME Vel=100 % DEFAULT
```

图 3.27　目标点为 P2 的 LIN 指令

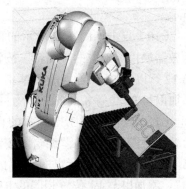

图 3.28　TCP 运动至 P1 点

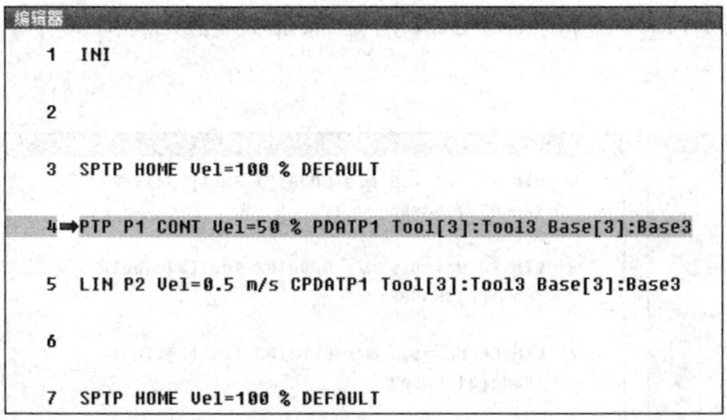

```
编辑器
  1  INI

  2

  3  SPTP HOME Vel=100 % DEFAULT

  4⇒PTP P1 CONT Vel=50 % PDATP1 Tool[3]:Tool3 Base[3]:Base3

  5  LIN P2 Vel=0.5 m/s CPDATP1 Tool[3]:Tool3 Base[3]:Base3

  6

  7  SPTP HOME Vel=100 % DEFAULT
```

图 3.29　目标点为 P1 的 PTP 指令

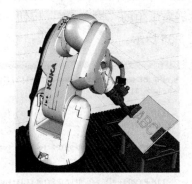

图 3.30　TCP 运动至 P3 点

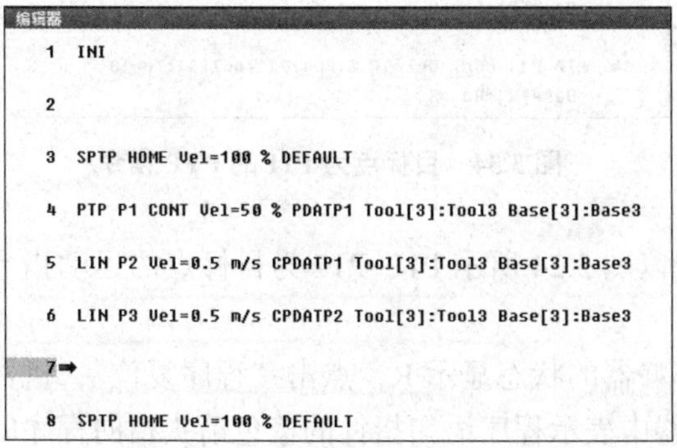

```
编辑器
  3  SPTP HOME Vel=100 % DEFAULT

  4  PTP P1 CONT Vel=50 % PDATP1 Tool[3]:Tool3
   ↳ Base[3]:Base3

  5  LIN P2 Vel=0.5 m/s CPDATP1 Tool[3]:Tool3
   ↳ Base[3]:Base3

  6  LIN P3 Vel=0.5 m/s CPDATP2 Tool[3]:Tool3
   ↳ Base[3]:Base3

  7  LIN P4 Vel=0.5 m/s CPDATP3 Tool[3]:Tool3
   ↳ Base[3]:Base3

  8  LIN P5 Vel=0.5 m/s CPDATP4 Tool[3]:Tool3
   ↳ Base[3]:Base3

  9  LIN P6 Vel=0.5 m/s CPDATP5 Tool[3]:Tool3
   ↳ Base[3]:Base3

 10  LIN P7 Vel=0.5 m/s CPDATP6 Tool[3]:Tool3
   ↳ Base[3]:Base3

 11  LIN P8 Vel=0.5 m/s CPDATP7 Tool[3]:Tool3
   ↳ Base[3]:Base3

 12  LIN P9 Vel=0.5 m/s CPDATP8 Tool[3]:Tool3
   ↳ Base[3]:Base3
```

```
编辑器
  1  INI

  2

  3  SPTP HOME Vel=100 % DEFAULT

  4  PTP P1 CONT Vel=50 % PDATP1 Tool[3]:Tool3 Base3

  5  LIN P2 Vel=0.5 m/s CPDATP1 Tool[3]:Tool3 Base[3]:Base3

  6  LIN P3 Vel=0.5 m/s CPDATP2 Tool[3]:Tool3 Base[3]:Base3

  7⇒

  8  SPTP HOME Vel=100 % DEFAULT
```

图 3.31　目标点为 P3 的 LIN 指令

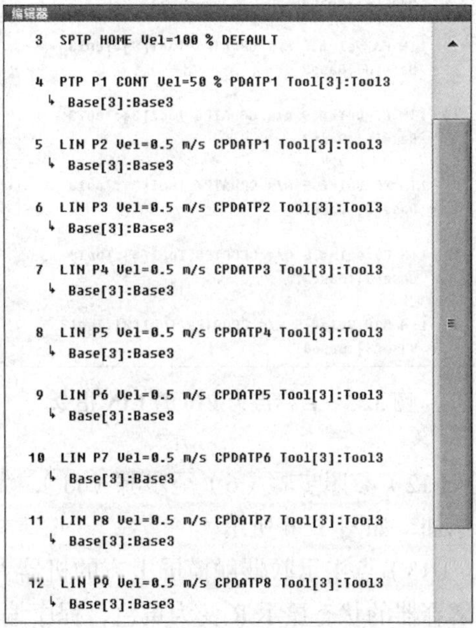

图 3.32　目标点为 P4~P9 的 LIN 指令

所示。

（10）点击如图 3.32 所示的程序编辑器中的第 5 行以 P2 为目标点的 LIN 指令，点击示教器触摸屏下方的"编辑"按钮，点击"复制"，点击如图 3.32 所示的程序编辑器中的第 12 行以 P9 为目标点的 LIN 指令,点击示教器触摸屏下方的"编辑"按钮,点击"添加"，添加以与 P2 位置相同的 P10 为目标点的 LIN 指令，如图 3.33 所示。

（11）点击如图 3.33 所示的程序编辑器中的第 4 行以 P1 为目标点的 PTP 指令，点击示教器触摸屏下方的"编辑"按钮，点击"复制"，点击如图 3.33 所示的程序编辑器中的第 13 行以 P10 为目标点的 LIN 指令，点击示教器触摸屏下方的"编辑"按钮，点击"添加"，添加以与 P1 位置相同的 P11 为目标点的 PTP 指令，如图 3.34 所示。点击如图 3.34 所示的程序编辑器中的第 14 行以 P11 为目标点的 PTP 指令，点击示教器触摸屏下方的"更改"按钮，在指令的联机表格中将 PTP 更改为 LIN，速度设置为 1m/s，点击示教器触摸屏右下角的"指令 OK"按钮，将以 P11 为目标点的 LIN 指令添加到程序编辑器中，如图 3.35 所示。

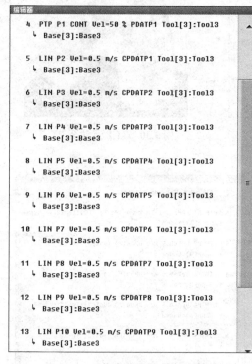

图 3.33　目标点为 P10 的 LIN 指令　　　图 3.34　目标点为 P11 的 PTP 指令

（12）参照步骤（6）至步骤（11），完成以图 3.24 所示 P12~P17 为目标点的运动指令的添加，如图 3.36 所示。

（13）点击示教器触摸屏上方的机器人解释器的状态显示 R，点击"程序复位"，机器人解释器的状态显示 R 变为黄色，程序编辑器中表示程序语句指针的蓝色箭头指向程序的第 1 行，如图 3.37 所示。

（14）将确认开关按至中间位置并保持，按下示教器左侧的启动键 ▶ 或示教器背面的绿色启动键并保持，KUKA 工业机器人进行 BCO 运行。BCO 运行完成后程序语句指针指向程序的第 3 行 SPTP HOME Vel=100% DEFAULT 指令，示教器触摸屏上方的机器人解释器的状态显示 R 变为红色，示教器信息窗口提示"已达 BCO"，如图 3.38 所示。

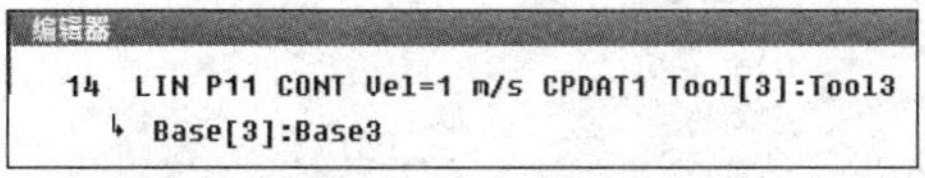

编辑器

15　PTP P12 CONT Vel=50 % PDATP3 Tool[3]:Tool3
　↳ Base[3]:Base3

16　LIN P13 Vel=0.5 m/s CPDATP10 Tool[3]:Tool3
　↳ Base[3]:Base3

17　LIN P14 Vel=0.5 m/s CPDATP11 Tool[3]:Tool3
　↳ Base[3]:Base3

18　LIN P15 Vel=0.5 m/s CPDATP12 Tool[3]:Tool3
　↳ Base[3]:Base3

19　LIN P16 Vel=0.5 m/s CPDATP13 Tool[3]:Tool3
　↳ Base[3]:Base3

20　LIN P17 Vel=1 m/s CPDATP14 Tool[3]:Tool3
　↳ Base[3]:Base3

编辑器

14　LIN P11 CONT Vel=1 m/s CPDAT1 Tool[3]:Tool3
　↳ Base[3]:Base3

图 3.35　目标点为 P11 的 LIN 指令 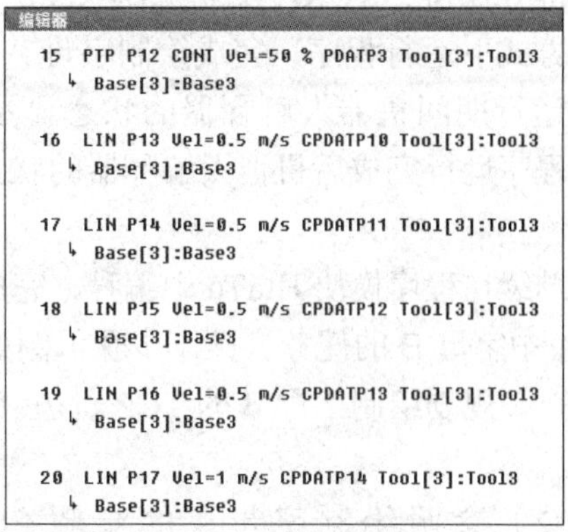　　　　图 3.36　目标点为 P12~P17 的运动指令

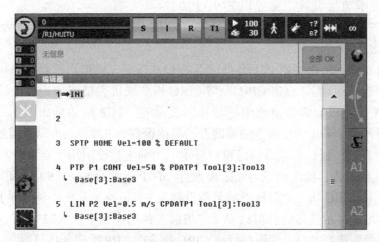

图 3.37　程序复位

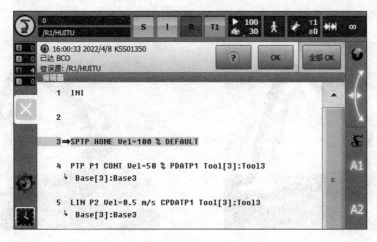

图 3.38　已达 BCO

（15）将确认开关按至中间位置并保持，按下示教器左侧的启动键▶或示教器背面的绿色启动键并保持，KUKA 工业机器人 T1 手动慢速运行方式下运行程序，完成绘制字母 A 的任务。程序运行期间机器人解释器的状态显示 R 为绿色，程序运行完成后机器人解释器的状态显示 R 为黑色。

继续在程序模块 HuiTu 中编程，完成绘制如图 3.1 中字母 B 的任务，操作步骤示例如下。

（1）规划绘制字母 B 的 TCP 轨迹，如图 3.39 所示。

（2）参照绘制字母 A 的步骤（6）至步骤（12），完 成 以 P18、P28、P36 为 目 标 点的 PTP 指令的添加与设置，完成以 P19、P20、P21、P26、P27、P29、P30、P31、P34、P35、P37、P38、P39、P42、P43 为 目 标 点 的 LIN 指令的添加与设置。

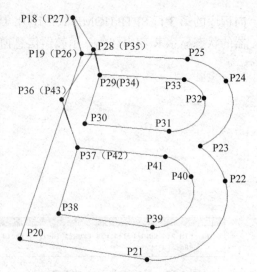

图 3.39　绘制字母 B 的 TCP 轨迹

（3）点击程序编辑器中以 P21 为目标点的 LIN 指令，点击示教器触摸屏下方的"指令"按钮，点击"运动"，点击 CIRC，将 CIRC 指令联机表格添加到程序编辑器中。手动操作 KUKA 工业机器人，使绘图笔与绘图板垂直，TCP 运动至如图 3.39 所示的 P22点，如图 3.40 所示。将 CIRC 指令的辅助点的名称设置为 P22，点击示教器触摸屏下方的"Touchup 辅助点"按钮，示教器信息窗口提示"当前坐标已应用于点 XP22 中"。手动操作 KUKA 工业机器人，使绘图笔与绘图板垂直，TCP 运动至如图 3.39 所示的 P23 点，如图 3.41 所示。将 CIRC 指令的目标点的名称设置为 P23，点击示教器触摸屏下方的"修整（Touchup…"按钮，示教器信息窗口提示"当前坐标已应用于点 XP23 中"。如图 3.15 所示的④指向的参数选择空白，使得执行该 CIRC 指令时 TCP 准确到达目标点；速度设置为0.5m/s；如图 3.19 所示的加速度设置为 5%。点击示教器触摸屏右下角的"指令 OK"按钮，将 CIRC 指令添加到程序编辑器中，如图 3.42 所示。

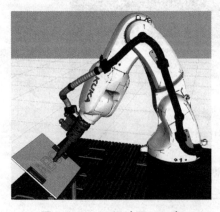

图 3.40　TCP 运动至 P22 点

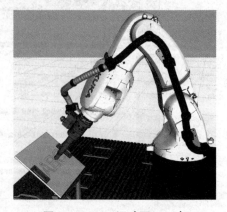

图 3.41　TCP 运动至 P23 点

```
CIRC P22 P23 Vel=0.5 m/s CPDATC1 Tool[3]:Tool3
     Base[3]:Base3
```

图 3.42　以 P22 为辅助点、P23 为目标点的 CIRC 指令

（4）参照步骤（3），完成分别以图 3.39 所示 P24 为辅助点、P25 为目标点；P32 为辅助点、P33 为目标点；P40 为辅助点、P41 为目标点的 CIRC 指令的添加。点击示教器触摸屏右下角的"编辑"按钮，点击"视图"，如图 3.43 所示，点击"换行"可以切换指令的显示是否换行。绘制字母 B 的程序如图 3.44 所示。

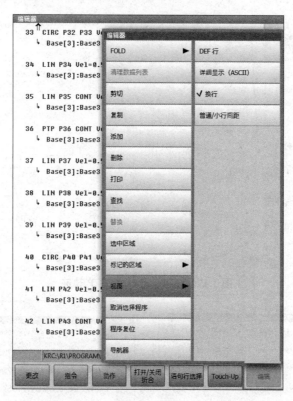

图 3.43　视图

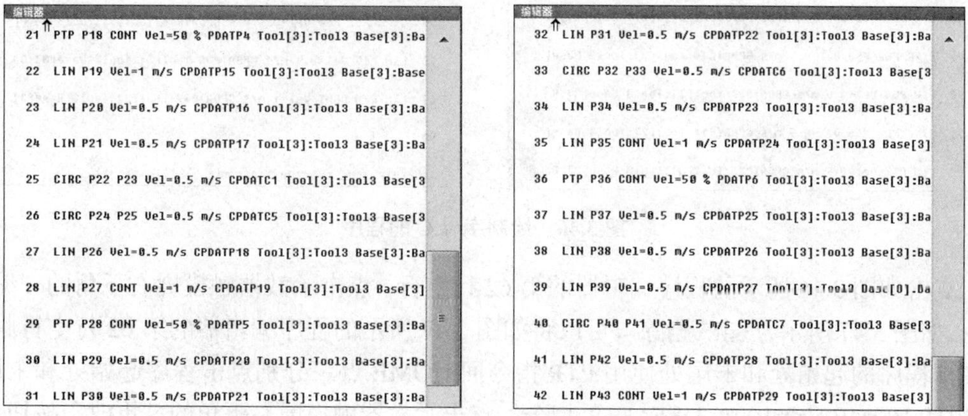

图 3.44　绘制字母 B 的程序

（5）参照绘制字母 A 的步骤（13）至步骤（15），完成 KUKA 工业机器人 T1 手动慢速运行方式下运行程序绘制字母"B"的任务。

规划绘制字母 C 的 TCP 轨迹，如图 3.45 所示。参照绘制字母 A 和字母 B 的步骤，继续在程序模块 HuiTu 中编程，完成绘制字母 C 的任务，如图 3.46 所示。

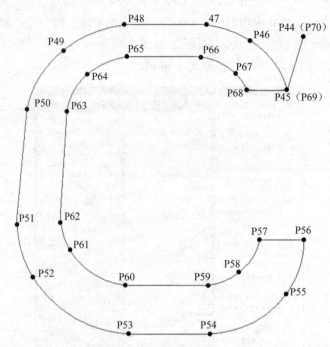

图 3.45　绘制字母 C 的 TCP 轨迹

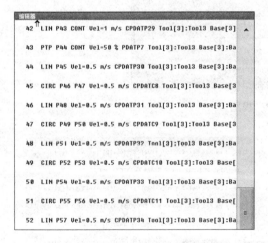
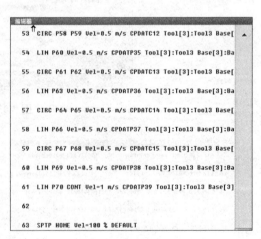

图 3.46　绘制字母 C 的程序

点击如图 3.46 所示的程序编辑器的第 62 行空行，点击示教器触摸屏右下角的"编辑"按钮，如图 3.47 所示，点击"删除"，可以将如图 3.47 所示的程序编辑器的第 62 行空行删除。

本程序的起始处和末尾处使用 PTP 指令回 HOME 点。分别点击程序起始处和末尾处的 SPTP HOME Vel=100% DEFAULT 指令，点击示教器触摸屏左下角的"更改"按钮，通过联机表格将 SPTP 指令更改为 PTP 指令。

编程调试完成后,可以点击示教器触摸屏上方的机器人解释器的状态显示R,点击"取消选择程序",返回导航器窗口。

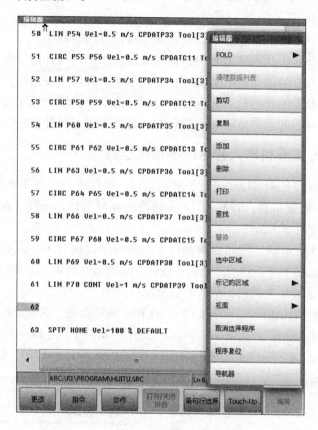

图 3.47 编辑

任务 3.3 KUKA 工业机器人程序的运行

3.3.1 KUKA 工业机器人程序运行方式的设置和程序状态的显示

在对 KUKA 工业机器人进行编程调试的过程中,应该合理地设置程序的运行方式。点击示教器触摸屏上方的机器人程序运行方式显示图标,如图 3.48 所示,可以设置程序的运行方式。

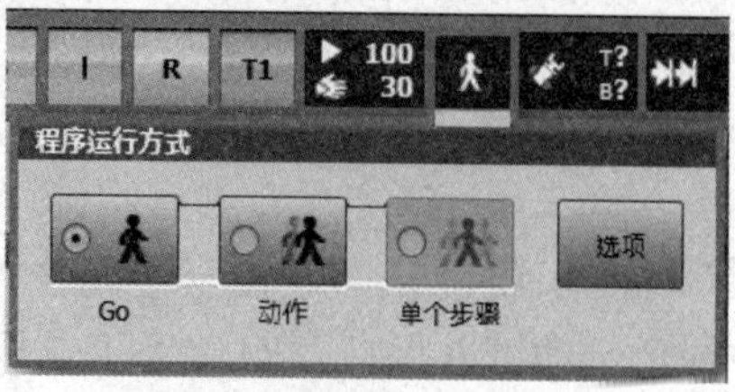

程序运行方式设置为 Go 时,程序不停顿的运行,直至程序结束。

程序运行方式设置为"动作" 时,程序运行过程中在每个点(包括辅助点和样条段点)上都暂停。对每一个点都必须重新按下示教器左侧的启动键或示教器背面的绿色启动键。

图 3.48 程序运行方式

程序运行方式设置为"单个步骤" 时,程序在每一程序行后暂停。在不可见的程序行和空行后也要暂停。对每一程序行都必须重新按下示教器左侧的启动键或示教器背面的绿色启动键。

KUKA 工业机器人通过示教器触摸屏上方状态栏中的机器人解释器的状态显示 R 显示程序的运行状态如下。

（1）机器人解释器的状态显示 R 为灰色时表示没有选定程序。

（2）机器人解释器的状态显示 R 为黄色时表示程序语句指针指向所选程序的第 1 行。

（3）机器人解释器的状态显示 R 为绿色时表示所选程序正在运行。

（4）机器人解释器的状态显示 R 为红色时表示选定并启动的程序被停止。

（5）机器人解释器的状态显示 R 为黑色时表示程序语句指针指向所选程序的末端。

3.3.2 KUKA 工业机器人程序的手动试运行

对任务 3.2 编写的 HuiTu 程序进行手动试运行，操作步骤示例如下。

（1）将 KUKA 工业机器人设置为 T1 手动慢速运行方式，选择专家用户组，设置合适的手动倍率。

KUKA 工业机器人
程序的手动试运行

（2）在如图 3.5 所示的导航器右侧窗口中点击程序模块 HuiTu 的 src 文件，点击示教器触摸屏左下角的"选定"按钮，示教器触摸屏上方的机器人解释器的状态显示 R 为黄色，示教器信息窗口提示"需要启动键"，程序编辑器中表示程序语句指针的蓝色箭头指向程序的第 1 行。在程序编辑器中，点击示教器触摸屏右下角的"编辑"按钮，点击"视图"，如图 3.43 所示，点击"DEF 行"使 DEF 行显示出来，在程序编辑器的第 1 行显示 DEF HuiTu( )，在程序编辑器的第 65 行显示 END，如图 3.49 所示。

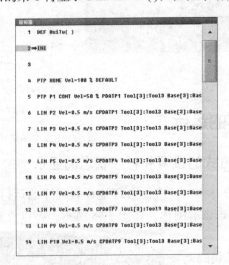
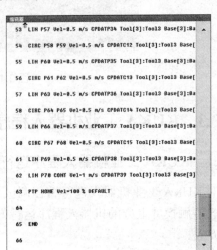

图 3.49　DEF 行的显示

（3）将确认开关按至中间位置并保持，按下示教器左侧的启动键▶或示教器背面的绿色启动键并保持，KUKA 工业机器人进行 BCO 运行。BCO 运行完成后示教器触摸屏上方的机器人解释器的状态显示 R 变为红色，程序语句指针指向程序的第 4 行 SPTP HOME Vel=100% DEFAULT 指令，示教器信息窗口提示"已达 BCO"，如图 3.50 所示，点击"全部 OK"按钮。

（4）将确认开关按至中间位置并保持，按下示教器左侧的启动键▶或示教器背面的绿色启动键并保持，KUKA 工业机器人 T1 手动慢速运行方式下运行程序。程序运行期间机器人解释器的状态显示 R 为绿色。如果程序试运行期间发现示教的目标点有错或运行存在干涉等问题，可以点击出错的程序行，点击示教器触摸屏左下角的"更改"按钮，通过联机表格修改指令，设置合适的程序运行方式，直至整个程序手动试运行测试无误。

（5）程序运行完成后机器人解释器的状态显示 R 为黑色，程序语句指针指向 END，如图 3.51 所示。程序手动试运行完成后，可以点击示教器触摸屏上方的机器人解释器的状态显示 R，点击"取消选择程序"，返回导航器窗口。

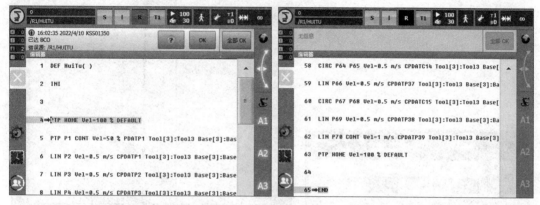

图 3.50　已达 BCO　　　　　　　图 3.51　程序结束运行

3.3.3　KUKA 工业机器人程序的自动运行

对任务 3.2 编写的 HuiTu 程序进行自动运行，操作步骤示例如下。

（1）将 KUKA 工业机器人设置为 AUT 自动运行方式，设置合适的程序倍率，如图 3.52 所示。

KUKA 工业机器人
程序的自动运行

（2）点击导航器右侧窗口中的 HuiTu 程序模块，点击示教器触摸屏左下角的"选定"按钮，如图 3.53 所示，示教器触摸屏上方的机器人解释器的状态显示 R 为黄色，示教器信息窗口提示"需要启动键"，程序编辑器中程序语句指针指向程序的第 1 行，如图 3.54 所示。

（3）按下示教器左侧的启动键 ▶ 或示教器背面的绿色启动键并保持，KUKA 工业机器人进行 BCO 运行。BCO 运行完成后示教器触摸屏上方的机器人解释器的状态显示 R 变为红色，程序语句指针指向程序的第 3 行 PTP HOME Vel=100% DEFAULT 指令，示教器信息窗口提示"已达 BCO"，如图 3.55 所示，点击"全部 OK"按钮。

（4）按下示教器左侧的启动键 ▶ 或示教器背面的绿色启动键，KUKA 工业机器人在 AUT 状态下自动运行程序。程序自动执行期间机器人解释器的状态显示 R 为绿色，如图 3.56 所示。程序自动运行期间如果按下示教器左侧的停止键 ■，则程序停止执行，机器人解释器的状态显示 R 变为红色，如图 3.57 所示。再次按下示教器左侧的启动键 ▶ 或示教器背面的绿色启动键，KUKA 工业机器人继续在 AUT 状态下自动运行程序。程序运行完成后机器人解释器的状态显示 R 为黑色，如图 3.58 所示。

（5）点击机器人解释器的状态显示 R，如图 3.59 所示，如果点击"取消程序选择"则返回导航器；如果点击"程序复位"则程序复位，如图 3.54 所示。

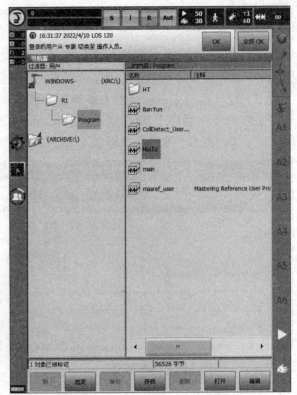

图 3.52　AUT 自动运行程序倍率的设置　　　　图 3.53　选定 HuiTu 程序模块

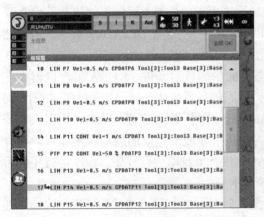

图 3.54　AUT 自动方式下选定 HuiTu 程序模块　　　图 3.55　已达 BCO

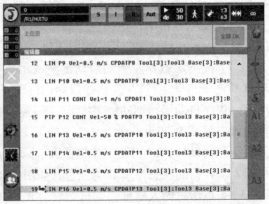

图 3.56　AUT 方式下 HuiTu 程序模块自动运行　　　图 3.57　AUT 方式下 HuiTu 程序模块停止运行

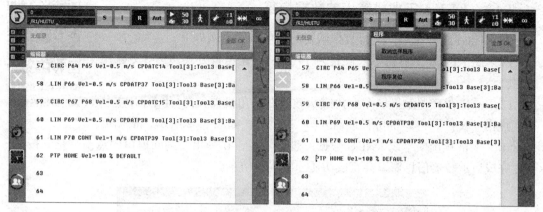

图 3.58 AUT 方式下 HuiTu 程序模块结束运行　　　图 3.59 取消程序选择或程序复位

任务 3.4　KUKA 工业机器人程序的维护

3.4.1　KUKA 工业机器人的数据备份

KUKA 工业机器
人的数据备份

为了防止对 KUKA 工业机器人文件误删除，通常在编程调试及日常操作过程中定期进行数据备份。

对 KUKA 工业机器人进行数据备份的操作步骤示例如下。

（1）将 KUKA 工业机器人设置为 T1 手动慢速运行方式，选择专家用户组。

（2）点击示教器触摸屏左上角或示教器右下角机器人图标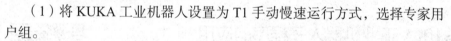打开主菜单，点击"文件"，点击"备份管理器"，如图 3.60 所示，点击"另存于…"，在如图 3.61 所示的窗口中设置"项目备份的目标路径"。在必要时为备选软件包设置一个单独的路径。点击右下角的"备份"按钮开始备份，备份完成后示教器信息窗口提示"RDC 数据已成功另存为'D:\ProjectBackup'"。

图 3.60　备份管理器

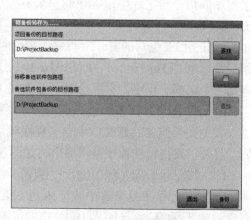

图 3.61　将备份另存为

3.4.2　KUKA工业机器人的数据恢复

对KUKA工业机器人进行数据恢复的操作步骤示例如下。

（1）将KUKA工业机器人设置为T1手动慢速运行方式，选择专家用户组。

KUKA工业机器人的数据恢复

（2）点击示教器触摸屏左上角或示教器右下角机器人图标 打开主菜单，点击"文件"→"备份管理器"→"恢复"，如图3.62所示，根据需要点击"项目和选项"或"RDC数据"进行恢复，在弹出的询问窗口中点击"是"按钮。恢复完成后示教器信息窗口会有成功还原的提示信息。

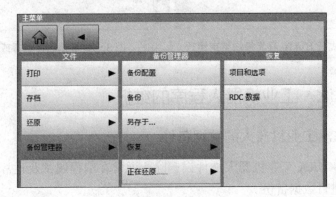

图3.62　恢复

任务3.5　KUKA工业机器人子程序的应用

3.5.1　KUKA工业机器人局部子程序的应用

对于KRL程序，为了使程序结构优化、简洁明了、条理清晰、更具逻辑性，可以使用子程序。

KUKA工业机器人局部子程序的应用

KUKA工业机器人的局部子程序是集成在一个主程序中的程序，即子程序的指令与主程序包含在同一个src文件中，子程序的点坐标与主程序包含在同一个dat文件中。

对任务3.2编写的HuiTu程序，把绘制字母A、绘制字母B、绘制字母C的功能分别用局部子程序HuiTu_A（ ）、HuiTu_B（ ）、HuiTu_C（ ）实现，在主程序HuiTu中依此调用三个局部子程序，实现绘制字母ABC的任务，操作步骤示例如下。

（1）将KUKA工业机器人设置为T1手动慢速运行方式，选择专家用户组。

（2）在导航器右侧窗口中点击程序模块HuiTu的src文件，点击示教器触摸屏右下角的"打开"按钮，在程序编辑器中将如图3.49所示的DEF行显示出来。

（3）按下示教器左侧的键盘按键 ，在示教器触摸屏上显示键盘，如图3.63所示。

（4）点击程序编辑器中程序末尾END的下一行空行，利用键盘在如图3.63所示的程序编辑器的第66行输入DEF　HuiTu_A（ ），点击键盘上的回车键 ，在程序编辑器的第67行输入END。用同样的方法依次输入DEF　HuiTu_B（ ）、END、DEF　HuiTu_C（ ）、END，如图3.64所示。

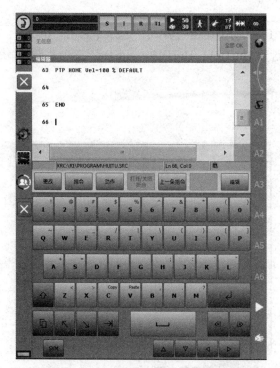

图 3.63 示教器触摸屏上显示的键盘

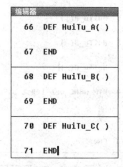

图 3.64 局部子程序的定义

（5）选中 HuiTu 程序中以 P1~P17 为目标点的运动指令，即绘制字母"A"的运动指令，点击示教器触摸屏右下角的"编辑"按钮，点击"剪切"，在弹出的询问窗口中点击"是"按钮，点击程序编辑器的第 66 行 DEF HuiTu_A（），点击示教器触摸屏右下角的"编辑"按钮，点击"添加"，将绘制字母 A 的运动指令添加到 DEF HuiTu_A（）与 END 之间。用同样的方法依此将绘制字母 B 的运动指令剪切添加到 DEF HuiTu_B（）与 END 之间，将绘制字母 C 的运动指令剪切添加到 DEF HuiTu_C（）与 END 之间。

（6）点击程序编辑器第 4 行 PTP HOME Vel=100% DEFAULT 指令，点击键盘上的回车键，利用键盘在程序编辑器的第 5 行输入 HuiTu_A（），点击键盘上的回车键，利用键盘在程序编辑器的第 6 行输入 HuiTu_B（），点击键盘上的回车键，利用键盘在程序编辑器的第 7 行输入 HuiTu_C（），如图 3.65 所示。点击键盘左侧的关闭按钮关闭键盘。

（7）点击程序编辑器左侧的关闭按钮，在弹出的询问窗口中点击"是"按钮，保存程序的更改，关闭程序编辑器返回导航器。

3.5.2 KUKA 工业机器人全局子程序的应用

KUKA 工业机器人的全局子程序是一个独立的程序模块，有独立的 src 文件和 dat 文件。全局子程序可以被其他程序模块调用。

对任务 3.2 编写的 HuiTu 程序，把绘制字母 A、绘制字母 B、绘制字母 C 的功能分别用全局子程序 HuiTuA（）、HuiTuB（）、HuiTuC（）实现，在主程序 HuiTu 中依此调用三个全局子程序，实现绘制字母

KUKA 工业机器人
全局子程序的应用

ABC 的任务，操作步骤示例如下。

（1）将 KUKA 工业机器人设置为 T1 手动慢速运行方式，选择专家用户组。

（2）参照任务 3.1 在导航器中创建 HuiTuA、HuiTuB、HuiTuC 三个程序模块，如图 3.66 所示。

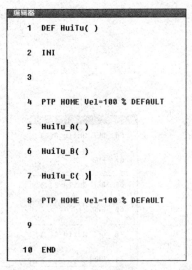

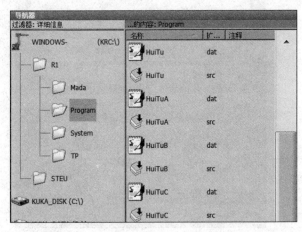

图 3.65　主程序 HuiTu 调用局部子程序　　　图 3.66　创建程序模块 HuiTuA、HuiTuB、HuiTuC

（3）在导航器右侧窗口中点击程序模块 HuiTu 的 src 文件，点击示教器触摸屏右下角的"打开"按钮，选中 HuiTu 程序中以 P1~P17 为目标点的运动指令，即绘制字母 A 的运动指令，点击示教器触摸屏右下角的"编辑"按钮，点击"剪切"，在弹出的询问窗口中点击"是"按钮，点击程序编辑器左侧的关闭按钮 ✕，在弹出的询问窗口中点击"是"按钮，保存程序的更改并关闭程序编辑器返回导航器，在导航器右侧窗口中点击程序模块 HuiTuA 的 src 文件，点击示教器触摸屏右下角的"打开"按钮，点击示教器触摸屏右下角的"编辑"按钮，点击"添加"，将绘制字母 A 的运动指令添加到两条 SPTP HOME Vel=100% DEFAULT 指令之间，删除两条 SPTP HOME Vel=100% DEFAULT 指令和多余的空行，如图 3.67 所示，点击程序编辑器左侧的关闭按钮 ✕，在弹出的询问窗口中点击"是"按钮，保存程序的更改并关闭程序编辑器返回导航器。用同样的方法依次将绘制字母 B 的运动指令剪切添加到 HuiTuB 的 src 文件,将绘制字母 C 的运动指令剪切添加到 HuiTuC 的 src 文件。

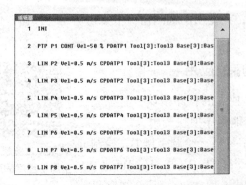

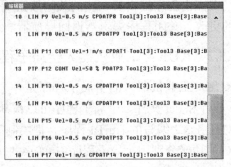

图 3.67　HuiTuA 的 src 文件

（4）在导航器右侧窗口中点击程序模块 HuiTu 的 src 文件，点击示教器触摸屏右下角的"打开"按钮，按下示教器左侧的键盘按键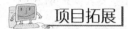，在示教器触摸屏上显示键盘，利用键盘在程序编辑器中依次输入 HuiTuA（ ）、HuiTuB（ ）、HuiTuC（ ），如图 3.68 所示。点击程序编辑器左侧的关闭按钮，在弹出的询问窗口中点击"是"按钮，保存程序的更改并关闭程序编辑器返回导航器。

```
编辑器
  1  DEF HuiTu( )

  2  INI

  3

  4  PTP HOME Vel=100 % DEFAULT

  5  HuiTuA()

  6  HuiTuB()

  7  HuiTuC()

  8  PTP HOME Vel=100 % DEFAULT

  9

 10  END
```

图 3.68　主程序 HuiTu 调用全局子程序

项目拓展

KUKA 工业机器人样条运动指令的应用

样条运动是一种适用于复杂曲线轨迹的运动方式。复杂曲线轨迹也可以通过轨迹逼近的 LIN 运动或 CIRC 运动生成，但是样条运动更有优势。样条运动轨迹通过位于轨迹上的点定义；易于保持编程设定的速度；轨迹曲线不受倍率、速度或加速度的影响。

通过样条组可以将多个运动合并成一个总运动。KUKA 工业机器人控制系统把一个样条组作为一个运动语句进行设计和执行。

样条组中的运动称为样条段。可以对样条段单独进行示教。

样条组分为 CP 样条组和 PTP 样条组。CP 样条组可以包含 SPL、SLIN 和 SCIRC 段。PTP 样条组可以包含 SPTP 段。

除了样条组，也可以对 SPTP、SLIN、SCIRC 单独编程。

CP 样条组指令联机表格如图 3.69 所示，指令中各参数的说明如表 3.4 所示。

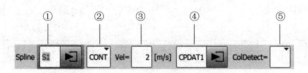

图 3.69　CP 样条组指令联机表格

表 3.4　CP 指令参数说明

序　号	说　　明
①	样条组的名称：系统自动赋予一个名称。名称可以被改写。需要编辑运动数据时可以点击箭头，相关选项窗口打开
②	CONT：目标点被轨迹逼近；空白：TCP 准确到达目标点
③	运动速度：0.001~2m/s
④	运动数据组的名称：系统自动赋予一个名称。名称可以被改写。需要编辑运动数据时可以点击箭头，相关选项窗口打开
⑤	碰撞识别：如果碰撞识别开启，则使用 CDSet【编号】中的数值

PTP样条组指令联机表格如图3.70所示，指令中各参数的说明如表3.5所示。

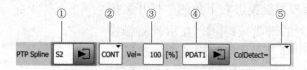

图3.70 PTP样条组指令联机表格

表3.5 PTP样条组指令参数说明

序 号	说 明
①	样条组的名称：系统自动赋予一个名称。名称可以被改写。需要编辑运动数据时可以点击箭头，相关选项窗口打开
②	CONT: 目标点被轨迹逼近；空白：TCP准确到达目标点
③	运动速度：1%~100%
④	运动数据组的名称：系统自动赋予一个名称。名称可以被改写。需要编辑运动数据时可以点击箭头，相关选项窗口打开
⑤	碰撞识别：如果碰撞识别开启，则使用CDSet【编号】中的数值

SPL指令联机表格如图3.71所示，CP样条组内SLIN指令联机表格如图3.72所示。SPL和CP样条组内SLIN指令中各参数的说明如表3.6所示。

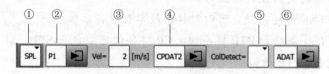

图3.71 SPL指令联机表格

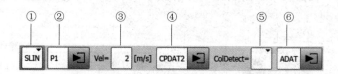

图3.72 CP样条组内SLIN指令联机表格

表3.6 SPL和CP样条组内SLIN指令参数说明

序 号	说 明
①	运动方式：SPL或SLIN
②	目标点的名称：系统自动赋予一个名称。名称可以被改写。需要编辑点数据时可以点击箭头，相关选项窗口打开
③	默认情况下样条组的速度设置适用于该段。 需要时在此设置仅适用于该段的运动速度：0.001~2m/s
④	默认情况下样条组的运动数据组的名称设置适用于该段。 需要时在此设置仅适用于该段的运动数据组的名称
⑤	默认情况下样条组的碰撞识别设置适用于该段。 需要时在此设置仅适用于该段的碰撞识别：如果碰撞识别开启，则使用CDSet【编号】中的数值

续表

序 号	说 明
⑥	含逻辑参数的数据组名称：系统自动赋予一个名称。名称可以被改写。需要编辑数据时可以点击箭头，相关选项窗口打开

CP 样条组内 SCIRC 指令联机表格如图 3.73 所示，指令中各参数的说明如表 3.7 所示。

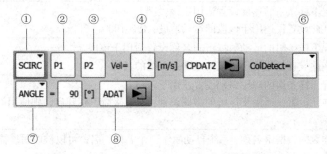

图 3.73　CP 样条组内 SCIRC 指令联机表格

表 3.7　CP 样条组内 SCIRC 指令参数说明

序 号	说 明
①	运动方式：SCIRC
②	辅助点的名称：系统自动赋予一个名称。名称可以被改写
③	目标点的名称：系统自动赋予一个名称。名称可以被改写
④	默认情况下样条组的速度设置适用于该段。 需要时在此设置仅适用于该段的运动速度：0.001~2m/s
⑤	默认情况下样条组的运动数据组的名称设置适用于该段。 需要时在此设置仅适用于该段的运动数据组的名称
⑥	默认情况下样条组的碰撞识别设置适用于该段。 需要时在此设置仅适用于该段的碰撞识别：如果碰撞识别开启，则使用 CDSet【编号】中的数值
⑦	圆心角：−9999°~9999°
⑧	含逻辑参数的数据组名称：系统自动赋予一个名称。名称可以被改写。需要编辑数据时可以点击箭头，相关选项窗口打开

PTP 样条组内 SPTP 指令联机表格如图 3.74 所示，指令中各参数的说明如表 3.8 所示。

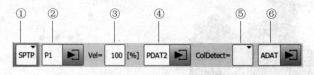

图 3.74　PTP 样条组内 SPTP 指令联机表格

当使用样条组时能充分利用样条运动的优点。如果轨迹在某处为直线或圆弧，则使用 SLIN 或 SCIRC 段，否则使用 SPL 段。确定轨迹时首先对曲线上的折点等特殊点进行示教，在达不到要求的精度的位置添加 SPL 点。要避免相连的 SLIN 段和 SCIRC 段，SLIN 段和 SCIRC 段之间的 SPL 段长度必须大于 0.5mm。

表 3.8　PTP 样条组内 SPTP 指令参数说明

序　号	说　明
①	运动方式：SPTP
②	目标点的名称：系统自动赋予一个名称。名称可以被改写。需要编辑点数据时可以点击箭头，相关选项窗口打开
③	默认情况下样条组的速度设置适用于该段。 需要时在此设置仅适用于该段的运动速度：1%~100%
④	默认情况下样条组的运动数据组的名称设置适用于该段。 需要时在此设置仅适用于该段的运动数据组的名称
⑤	默认情况下样条组的碰撞识别设置适用于该段。 需要时在此设置仅适用于该段的碰撞识别：如果碰撞识别开启，则使用 CDSet【编号】中的数值
⑥	含逻辑参数的数据组名称：系统自动赋予一个名称。名称可以被改写。需要编辑数据时可以点击箭头，相关选项窗口打开

使用 KUKA 工业机器人的样条运动指令，完成如图 3.75 所示的复杂曲线的绘图任务，操作步骤示例如下。

（1）将 KUKA 工业机器人设置为 T1 手动慢速运行方式，选择专家用户组，设置合适的手动倍率。激活绘图笔的工具坐标系 Tool3 和绘图板的基坐标系 Base3。创建并选定程序模块 YangTiao。将如图 3.75 所示 KUKA 工业机器人的当前位置设置为 HOME 点。

（2）规划绘制复杂曲线的 TCP 轨迹，如图 3.76 所示。从 HOME 点到 P2 点之间的过渡点为 P1，从 P23 到 HOME 点间的过渡点为 P24。

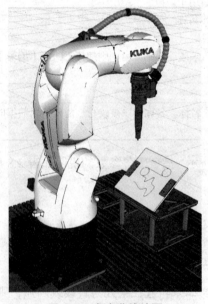

图 3.75　复杂曲线绘图

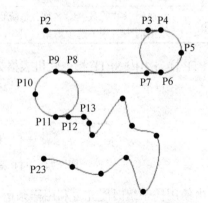

图 3.76　绘制复杂曲线 TCP 轨迹

（3）手动操作 KUKA 工业机器人，使绘图笔与绘图板垂直，TCP 运动至如图 3.76 所示的 P2 点，点击程序编辑器的第一条 SPTP HOME Vel=100% DEFAULT 指令，点击示教器触摸屏下方的"指令"按钮，点击"运动"，点击 SLIN，将 SLIN 指令联机表格添加到程序编辑器中。如图 3.77 所示，将 SLIN 指令的目标点的名称设置为 P2，点击示教器触摸屏下方的 Touch-Up 按钮，示教器信息窗口提示"当前坐标已应用于点 XP2 中"；目标点后的参数选择空白，使得执行该 SLIN 指令时 TCP 准确到达目标点 P2；速度设置为 0.2m/s；运动数据组采用默认设置。点击示教器触摸屏右下角的"指令 OK"按钮，将 SLIN 指令添加到程序编辑器中。

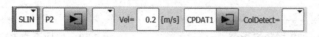

图 3.77　SLIN 指令联机表格

（4）手动操作 KUKA 工业机器人，使 TCP 参照基坐标系 Base3 的 Z 轴的正方向运动到 HOME 与 P2 之间的过渡点 P1。点击程序编辑器的第一条 SPTP HOME Vel=100% DEFAULT 指令，点击示教器触摸屏下方的"指令"按钮，点击"运动"，点击 SPTP，将 SPTP 指令联机表格添加到程序编辑器中。如图 3.78 所示，将 SPTP 指令的目标点的名称设置为 P1，点击示教器触摸屏下方的 Touch-Up 按钮，示教器信息窗口提示"当前坐标已应用于点 XP1 中"；目标点后的参数选择 CONT，使得执行该 SPTP 指令时目标点 P1 被轨迹逼近；速度设置为 50%；运动数据组采用默认设置。点击示教器触摸屏右下角的"指令 OK"按钮，将 SPTP 指令添加到程序编辑器中。

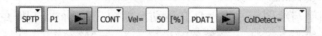

图 3.78　SPTP 指令联机表格

（5）点击以 P2 为目标点的 SLIN 指令，点击示教器触摸屏下方的"指令"按钮，点击"运动"，点击 SPLINE Block，将 CP 样条组指令联机表格添加到程序编辑器中。将 CP 样条组指令的样条组的名称设置为 S1；如图 3.69 所示的②指向的参数选择空白；速度设置为 0.2m/s；运动数据组采用默认设置。点击示教器触摸屏右下角的"指令 OK"按钮，将 CP 样条组指令添加到程序编辑器中，如图 3.79 所示。

（6）手动操作 KUKA 工业机器人，使绘图笔与绘图板垂直，TCP 运动至如图 3.76 所示的 P3 点，点击示教器触摸屏下方的"指令"按钮，点击"运动"，点击 SLIN，将 SLIN 指令联机表格添加到程序编辑器中。将 SLIN 指令的目标点的名称设置为 P3，点击示教器触摸屏下方的 Touch-Up 按钮，示教器信息窗口提示"当前坐标已应用于点 XP3 中"；点击示教器触摸屏下方的"切换参数"按钮，点击"速度"，切换速度参数的隐藏或显示，此处设置为隐藏；点击示教器触摸屏下方的"切换参数"按钮，点击"运动参数"，切换运动数据组名称的隐藏或显示，此处设置为隐藏；点击示教器触摸屏下方的"切换参数"按钮，点击"碰撞识别"，切换碰撞识别设置的隐藏或显示，此处设置为隐藏；点击示教器触摸屏下方的"切换参数"按钮，点击"样条逻辑"，切换含逻辑参数的数据组名称的隐藏或显示，此处设置为隐藏。点击示教器触摸屏右下角的"指令 OK"按钮，将 SLIN 指令添加到程序编辑器中，如图 3.80 所示。

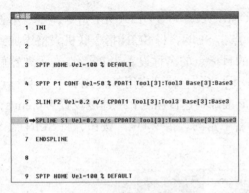

图 3.79　CP 样条组指令

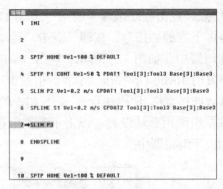

图 3.80　目标点为 P3 的 SLIN 指令

（7）手动操作 KUKA 工业机器人，使绘图笔与绘图板垂直，TCP 运动至如图 3.76 所示的 P4 点，点击示教器触摸屏下方的"指令"按钮，点击"运动"，点击 SPL，将 SPL 指令联机表格添加到程序编辑器中。将 SLIN 指令的目标点的名称设置为 P4，点击示教器触摸屏下方的 Touch-Up 按钮，示教器信息窗口提示"当前坐标已应用于点 XP4 中"。点击示教器触摸屏右下角的"指令 OK"按钮，将 SPL 指令添加到程序编辑器中，如图 3.81 所示。

（8）点击示教器触摸屏下方的"指令"按钮，点击"运动"，点击 SCIRC，将 SCIRC 指令联机表格添加到程序编辑器中。手动操作 KUKA 工业机器人，TCP 运动至如图 3.76 所示的 P5 点，将 CIRC 指令的辅助点的名称设置为 P5，点击示教器触摸屏下方的"Touchup 辅助点"按钮，示教器信息窗口提示"当前坐标已应用于点 XP5 中"。手动操作 KUKA 工业机器人，使绘图笔与绘图板垂直，TCP 运动至如图 3.76 所示的 P6 点，将 SCIRC 指令的目标点的名称设置为 P6，点击示教器触摸屏下方的"修整（Touchup）"按钮，示教器信息窗口提示"当前坐标已应用于点 XP6 中"。ANGLE 设置为 540°。点击示教器触摸屏右下角的"指令 OK"按钮，将 SCIRC 指令添加到程序编辑器中，如图 3.82 所示。

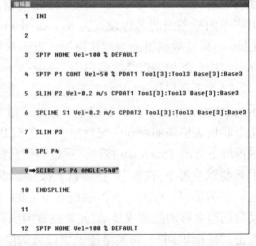

图 3.81　目标点为 P4 的 SPL 指令　　图 3.82　以 P5 为辅助点、P6 为目标点的 SCIRC 指令

（9）参照步骤 6 至步骤 8，完成以 P7 为目标点的 SPL 指令、以 P8 为目标点的 SLIN 指令、以 P9 为目标点的 SPL 指令、以 P10 为辅助点、P11 为目标点的 SCIRC 指令、以

P12 为目标点的 SPL 指令、以 P13 为目标点的 SLIN 指令的添加。

（10）分别完成以 P14 至 P23 为目标点的 SPL 指令的添加。

（11）手动操作 KUKA 工业机器人，使 TCP 参照基坐标系 Base3 的 Z 轴的正方向运动到 P23 与 HOME 之间的过渡点 P24。点击程序编辑器中的 ENDSPLINE，点击示教器触摸屏下方的"指令"按钮，点击"运动"，点击 SLIN，将 SLIN 指令联机表格添加到程序编辑器中。将 SLIN 指令的目标点的名称设置为 P24，点击示教器触摸屏下方的 Touch-Up 按钮，示教器信息窗口提示"当前坐标已应用于点 XP24 中"；目标点后的参数选择 CONT，使得执行该 SLIN 指令时目标点 P24 被轨迹逼近；速度设置为 0.2m/s；运动数据组采用默认设置。点击示教器触摸屏右下角的"指令 OK"按钮，将 SPTP 指令添加到程序编辑器中。

（12）点击示教器触摸屏上方的机器人解释器的状态显示 R，点击"程序复位"，机器人解释器的状态显示 R 变为黄色，程序编辑器中表示程序语句指针的蓝色箭头指向程序的第 1 行。将确认开关按至中间位置并保持，按下示教器左侧的启动键▶或示教器背面的绿色启动键并保持，KUKA 工业机器人进行 BCO 运行。BCO 运行完成后示教器触摸屏上方的机器人解释器的状态显示 R 变为红色，示教器信息窗口提示"已达 BCO"。将确认开关按至中间位置并保持，按下示教器左侧的启动键▶或示教器背面的绿色启动键并保持，KUKA 工业机器人 T1 手动慢速运行方式下运行程序，程序运行期间机器人解释器的状态显示 R 为绿色，观察 TCP 运动轨迹，记录达不到要求的精确度的位置。程序运行完成后在达不到要求的精确度的位置添加 SPL 点，再手动试运行，直至 TCP 运动轨迹符合要求。编辑完成的 YangTiao 程序模块的 src 文件如图 3.83 所示。若要查看或编辑样条组 S1，可以在程序编辑器点击样条组指令，点击示教器触摸屏下方的"编辑"按钮，点击 FOLD，点击"打开 / 关闭当前 FOLD"，如图 3.84 所示。

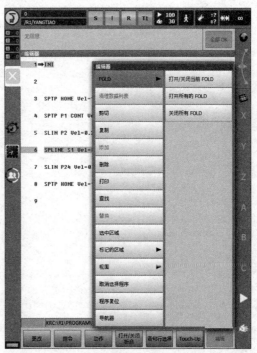

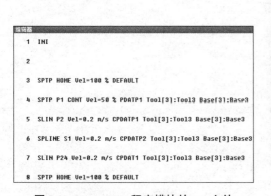

图 3.83　YangTiao 程序模块的 src 文件　　　　图 3.84　打开 / 关闭当前 FOLD

练习题

1. 选择题

（1）在 KUKA 工业机器人程序中，程序模块由（　　）文件和 dat 文件两部分组成。

    A. proc   B. rc   C. src   D. rob

（2）点击 KUKA 工业机器人示教器左侧的（　　）可以打开键盘。

    A. [图标]   B. [图标]   C. [图标]   D. [图标]

（3）KUKA 工业机器人的编程语言是（　　）。

    A. KRL   B. RAPID   C. INFORM   D. KAREL

2. 简答题

（1）KUKA 工业机器人在什么情况下要进行 BCO 运行？

（2）KUKA 工业机器人的机器人解释器的状态显示 R 为灰色、黄色、绿色、红色、黑色时分别表示程序处在什么状态？

3. 实操题

对 KUKA 工业机器人编程，实现利用绘图笔在绘图板上绘制字母 D。

KUKA工业机器人搬运操作编程

 学习目标

1. 能正确使用常用的逻辑指令编写 KUKA 工业机器人。
2. 能正确声明并使用变量编写 KUKA 工业机器人程序。
3. 能正确编写并调用带参数的 KUKA 工业机器人子程序。
4. 能正确使用流程控制指令编写 KUKA 工业机器人程序。

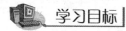 项目描述

编写 KUKA 工业机器人程序，实现如图 4.1~ 图 4.3 所示的搬运任务。首先利用安装在 KUKA 工业机器人 A6 轴法兰盘上的快换装置拾取工具架上的平口夹爪，然后利用平口夹爪将仓储平台上的六个零件依次搬运至立体仓库，最后将平口夹爪放回工具架。

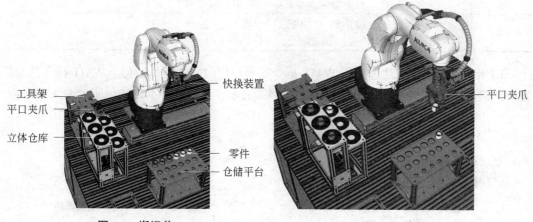

图 4.1　搬运前　　　　　　　　　　图 4.2　搬运中

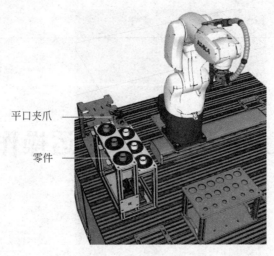

平口夹爪

零件

图4.3 搬运后

任务 4.1　KUKA 工业机器人逻辑指令的应用

4.1.1　KUKA 工业机器人 OUT 指令和 WAIT 指令的应用

　　KUKA 工业机器人通过执行 OUT 指令实现对诸如快换装置、吸盘等工具的控制。OUT 指令联机表格如图 4.4 所示，指令中各参数的说明如表 4.1 所示。

表 4.1　OUT 指令参数说明

序　号	说　　明
①	数字量输出端编号
②	数字量输出端名称
③	数字量输出端被切换成的状态：TRUE；FALSE
④	CONT：在预进过程中动作； 空白：预进停止时动作

　　KUKA 工业机器人通过执行 WAIT 指令实现设定时间的动作暂停。WAIT 指令总是触发一次预进停止。WAIT 指令联机表格如图 4.5 所示，指令中各参数的说明如表 4.2 所示。

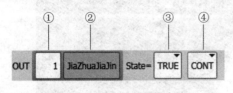

图 4.4　OUT 指令联机表格

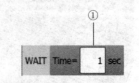

图 4.5　WAIT 指令联机表格

表 4.2　WAIT 指令参数说明

序　号	说　　明
①	等待时间

编写 QuJiaZhua 程序模块，实现利用快换装置从工具架上拾取平口夹爪的任务；编写 FangJiaZhua 程序模块，实现将平口夹爪放回工具架的任务，操作步骤示例如下。

（1）规划拾取、放置平口夹爪的 TCP 轨迹，如图 4.6 所示。

（2）将 KUKA 工业机器人设置为 T1 手动慢速运行方式，选择专家用户组，设置合适的手动倍率。

（3）采用数字输入的方法设置快换装置的工具坐标系。实际操作过程中如果无法预知快换装置的相关参数，可以采用法兰坐标系。

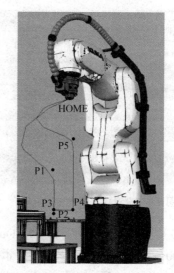

图 4.6　拾取、放置平口夹爪时 TCP 的运动轨迹

（4）确认快换装置钢珠伸缩状态与 KUKA 工业机器人数字量输出端状态的对应关系。对于本项目使用的设备，KUKA 工业机器人使用编号为 3 的数字量输出端控制快换装置。点击示教器触摸屏左上角或示教器右下角机器人图标，打开主菜单，点击"显示"→"输入/输出端"，如图 4.7 所示，点击"数字输出端"，打开"数字输入/输出端"窗口，如图 4.8 所示，点击编号为 3 的数字量输出端，点击"名称"按钮可以设置选中的数字量输出端的名称，如图 4.9 所示。点击"值"按钮可以切换选中的数字量输出端的状态。当编号为 3 的数字量输出端的状态为 FALSE 时，"值"列的圆圈显示灰色，此时快换装置上的钢珠应为伸出状态；当编号为 3 的数字量输出端的状态为 TRUE 时，"值"列的圆圈显示绿色，如图 4.10 所示，此时快换装置上的钢珠应为缩回状态。点击"数字输入/输出端"窗口左侧的关闭按钮 关闭"数字输入/输出端"窗口。

图 4.7　输入/输出端

图 4.8　数字输入/输出端

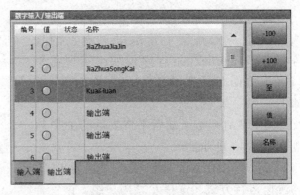

图 4.9　设置数字量输出端名称　　　　图 4.10　编号为 3 的数字量输出端状态为 TRUE

（5）创建并选定程序模块 QuJiaZhua。在程序编辑器中点击第一条 SPTP HOME Vel=100% DEFAULT 指令，点击示教器触摸屏下方的"指令"按钮，点击"逻辑"→ OUT，如图 4.11 所示，再点击 OUT，将 OUT 指令联机表格添加到程序编辑器中，数字量输出端的编号设置为 3，数字量输出端被切换成的状态设置为 TRUE，将快换装置的钢珠缩回，图 4.4 中④指向的参数选择空白。点击示教器触摸屏右下角的"指令 OK"按钮，将 OUT 指令添加到程序编辑器中。

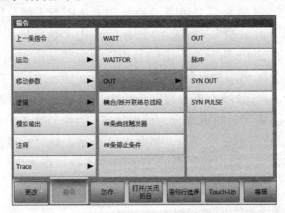

图 4.11　逻辑指令

（6）在程序编辑器中点击步骤 5 添加的 OUT 指令，点击示教器触摸屏下方的"指令"按钮→"逻辑"→ WAIT，将 WAIT 指令联机表格添加到程序编辑器中，等待时间设置为 0.5s。点击示教器触摸屏右下角的"指令 OK"按钮，将 WAIT 指令添加到程序编辑器中。

（7）确认快换装置的钢珠当前为缩回的状态后，手动操作 KUKA 工业机器人运动至如图 4.6 所示的 P2 点，如图 4.12 所示。在程序编辑器中点击步骤 6 添加的 WAIT 指令，点击示教器触摸屏下方的"指令"按钮，点击"运动"→ LIN，将 LIN 指令联机表格添加到程序编辑器中。将 LIN 指令的目标点的名称设置为 P2，点击示教器触摸屏下方的 Touch-Up 按钮，示教器信息窗口提示"当前坐标已应用于点 XP2 中"；如图 3.13 所示的③指向的参数选择空白，使得执行该 LIN 指令时 TCP 准确到达目标点 P2；速度设置为 0.1m/s；运动数据组采用默认设置。点击示教器触摸屏右下角的"指令 OK"按钮，将 LIN 指令添加到程序编辑器中。

（8）手动操作KUKA工业机器人运动至如图4.6所示P2点正上方的P1点，如图4.13所示。在程序编辑器中点击步骤（6）添加的WAIT指令，点击示教器触摸屏下方的"指令"按钮→"运动"→PTP，将PTP指令联机表格添加到程序编辑器中。将PTP指令的目标点的名称设置为P1，点击示教器触摸屏下方的Touch-Up按钮，示教器信息窗口提示"当前坐标已应用于点XP1中"；图3.11中③指向的参数选择CONT，使得执行该PTP指令时目标点P1被轨迹逼近；速度设置为50%；运动数据组中的"轨迹逼近距离"设置合适的数值。点击示教器触摸屏右下角的"指令OK"按钮，将PTP指令添加到程序编辑器中。

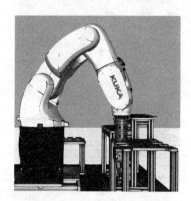

图4.12　TCP运动到P2点

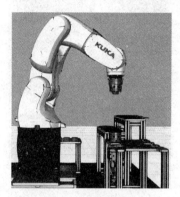

图4.13　TCP运动到P1点

（9）手动操作KUKA工业机器人运动至P2点。在程序编辑器中点击步骤（7）添加的以P2为目标点的LIN指令，点击示教器触摸屏下方的"指令"按钮，点击"逻辑"→OUT，如图4.11所示，再点击OUT，将OUT指令联机表格添加到程序编辑器中，数字量输出端的编号设置为3，数字量输出端被切换成的状态设置为FALSE，图4.4中④指向的参数选择空白，确保KUKA工业机器人准确停留在P2点时快换装置动作。点击示教器触摸屏右下角的"指令OK"按钮，将OUT指令添加到程序编辑器中。

（10）在程序编辑器中点击步骤（9）添加的OUT指令，点击示教器触摸屏下方的"指令"按钮，点击"逻辑"→WAIT，将WAIT指令联机表格添加到程序编辑器中，等待时间设置为0.5s。点击示教器触摸屏右下角的"指令OK"按钮，将WAIT指令添加到程序编辑器中。

（11）将程序运行方式设置为"动作"，运行步骤（5）至步骤（10）已经完成的指令，KUKA工业机器人利用快换装置将平口夹爪拾取并停留在P2点。手动操作KUKA工业机器人运动至如图4.6所示P2点正上方的P3点，如图4.14所示。在程序编辑器中点击步骤（10）添加的WAIT指令，点击示教器触摸屏下方的"指令"按钮，点击"运动"→LIN，将LIN指令联机表格添加到程序编辑器中。将LIN指令的目标点的名称设置为P3，点击示教器触摸屏下方的Touch-Up按钮，示教器信息窗口提示"当前坐标已应用于点XP3中"；图3.13中③指向的参数选择空白，使得执行该LIN指令时准确到达目标点P3；速度设置为0.1m/s；运动数据组采用默认设置。点击示教器触摸屏右下角的"指令OK"按钮，将LIN指令添加到程序编辑器中。

（12）手动操作KUKA工业机器人运动至如图4.6所示的P4点，如图4.15所示。在程序编辑器中点击步骤（11）添加的以P3为目标点的LIN指令，点击示教器触摸屏下方的"指令"按钮，点击"运动"→LIN，将LIN指令联机表格添加到程序编辑器中。将LIN指令的目标点的名称设置为P4，点击示教器触摸屏下方的Touch-Up按钮，示教器信息窗口提示"当前坐标已应用于点XP4中"；图3.13中③指向的参数选择CONT，使得执行该LIN指令时目标点P4被轨迹逼近；速度设置为0.1m/s；运动数据组中的"轨迹逼近距离"设置合适的数值。点击示教器触摸屏右下角的"指令OK"按钮，将LIN指令添加到程序编辑器中。

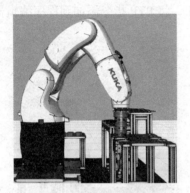

图4.14 TCP运动到P3点

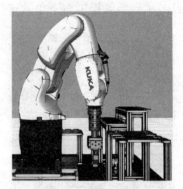

图4.15 TCP运动到P4点

（13）手动操作KUKA工业机器人运动至如图4.6所示P4点正上方的P5点，如图4.16所示。在程序编辑器中点击步骤（12）添加的以P4为目标点的LIN指令，点击示教器触摸屏下方的"指令"按钮，点击"运动"→LIN，将LIN指令联机表格添加到程序编辑器中。将LIN指令的目标点的名称设置为P5，点击示教器触摸屏下方的Touch-Up按钮，示教器信息窗口提示"当前坐标已应用于点XP5中"；图3.13中③指向的参数选择CONT，使得执行该LIN指令时目标点P5被轨迹逼近；速度设置为0.1m/s；运动数据组中的"轨迹逼近距离"设置合适的数值。点击示教器触摸屏右下角的"指令OK"按钮，将LIN指令添加到程序编辑器中。删除程序编辑器中多余的空行。QuJiaZhua程序模块的src文件如图4.17所示。

（14）点击示教器触摸屏上方的机器人解释器的状态显示R，点击"程序复位"，机器人解释器的状态显示R变为黄色，程序编辑器中表示程序语句指针的蓝色箭头指向程序的第1行。将确认开关按至中间位置并保持，按下示教器左侧的启动键▷或示教器背面的绿色启动键并保持，KUKA工业机器人进行BCO运行。BCO运行完成后示教器触摸屏上方的机器人解释器的状态显示R变为红色，示教器信息窗口提示"已达BCO"。将确认开关按至中间位置并保持，按下示教器左侧的启动键▷或示教器背面的绿色启动键并保持，KUKA工业机器人T1手动慢速运行方式下运行程序，程序运行期间机器人解释器的状态显示R为绿色，程序运行完成后机器人解释器的状态显示R为黑色，KUKA工业机器人拾取平口夹爪后返回HOME点，如图4.18所示。QuJiaZhua程序模块调试完成后，点击示教器触摸屏上方的机器人解释器的状态显示R，点击"取消选择程序"，返回导航器窗口。

（15）创建程序模块FangJiaZhua。将如图4.17所示的QuJiaZhua程序模块src文件的第6至12行指令复制添加到"FangJiaZhua"程序模块src文件的两条SPTP HOME

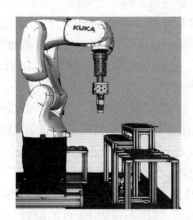

图 4.16　TCP 运动到 P5 点

图 4.17　QuJiaZhua 程序模块的 src 文件

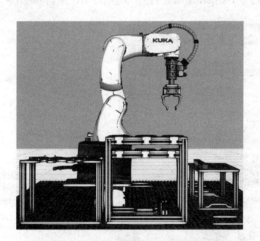

图 4.18　拾取平口夹爪后返回 HOME 点

Vel=100% DEFAULT 指令之间。

（16）选中程序模块 FangJiaZhua，在程序编辑器中点击以 P1 为目标点的 PTP 指令，点击示教器触摸屏下方的"更改"按钮，在指令的联机表格中将目标点更改为 P5，点击示教器触摸屏右下角的"指令 OK"按钮，在如图 4.19 所示的询问窗口中点击"否"按钮不覆盖 P5 点的位置。

（17）在程序编辑器中点击以 P4 为目标点的 LIN 指令，点击示教器触摸屏下方的"编辑"按钮，点击"剪切"，在弹出的询问窗口中点击"是"按钮，在程序编辑器中点击步骤（16）更改后的以 P5 为目标点的 PTP 指令，点击示教器触摸屏下方的"编辑"按钮，点击"添加"，在程序编辑器中添加以 P6 为目标点的 LIN 指令联机表格，点击示教器触摸屏下方的"更改"按钮，在指令的联机表格中将目标点更改为 P4，点击示教器触摸屏右下角的"指令 OK"按钮，在询问窗口中点击"否"按钮不覆盖 P4 点的位置，将以 P4

为目标点的 LIN 指令添加到以 P5 为目标点的 PTP 指令之后。

（18）在程序编辑器中点击以 P3 为目标点的 LIN 指令，点击示教器触摸屏下方的"编辑"按钮，点击"剪切"，在弹出的询问窗口中点击"是"按钮，在程序编辑器中点击步骤（17）更改后的以 P4 为目标点的 LIN 指令，点击示教器触摸屏下方的"编辑"按钮，点击"添加"，在程序编辑器中添加以 P7 为目标点的 LIN 指令联机表格，点击示教器触摸屏下方的"更改"按钮，在指令的联机表格中将目标点更改为 P3，点击示教器触摸屏右下角的"指令 OK"按钮，在询问窗口中点击"否"按钮不覆盖 P3 点的位置，将以 P3 为目标点的 LIN 指令添加到以 P4 为目标点的 LIN 指令之后。

（19）在程序编辑器中点击数字量输出端编号为 3 的 OUT 指令，点击示教器触摸屏下方的"更改"按钮，在指令的联机表格中将数字量输出端被切换成的状态设置为 TRUE，点击示教器触摸屏右下角的"指令 OK"按钮。

（20）在程序编辑器中点击以 P5 为目标点的 LIN 指令，点击示教器触摸屏下方的"更改"按钮，在指令的联机表格中将目标点更改为 P1，点击示教器触摸屏右下角的"指令 OK"按钮，在如图 4.19 所示的询问窗口中点击"否"按钮不覆盖 P1 点的位置，删除程序编辑器中多余的空行。FangJiaZhua 程序模块的 src 文件如图 4.20 所示。

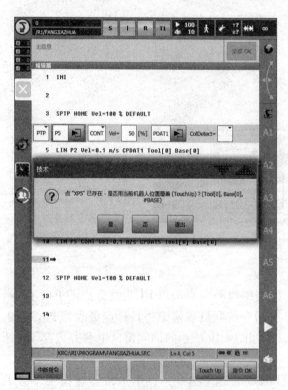

图 4.19　不覆盖 P5 点的位置

图 4.20　FangJiaZhua 程序模块的 src 文件

（21）点击示教器触摸屏上方的机器人解释器的状态显示 R，点击"程序复位"，机器人解释器的状态显示 R 变为黄色，程序编辑器中表示程序语句指针的蓝色箭头指向程序的第 1 行。将确认开关按至中间位置并保持，按下示教器左侧的启动键▷或示教器背面的绿色启动键并保持，KUKA 工业机器人进行 BCO 运行。BCO 运行完成后示教器触摸屏上方的机器人解释器的状态显示 R 变为红色，示教器信息窗口提示"已达 BCO"。将确认开关按至中间位置并保持，按下示教器左侧的启动键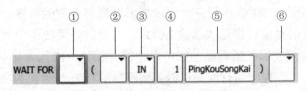或示教器背面的绿色启动键并保持，KUKA 工业机器人 T1 手动慢速运行方式下运行程序，程序运行期间机器人解释器的状态显示 R 为绿色，程序运行完成后机器人解释器的状态显示 R 为黑色，KUKA 工业机器人将平口夹爪放回工具架后返回 HOME 点。FangJiaZhua 程序模块调试完成后，点击示教器触摸屏上方的机器人解释器的状态显示 R，点击"取消选择程序"，返回导航器窗口。

4.1.2　KUKA 工业机器人 WAITFOR 指令的应用

KUKA 工业机器人通过执 WAITFOR 指令实现与信号有关的等待功能。需要时可以将多个信号以逻辑运算的方式进行连接。WAITFOR 指令联机表格如图 4.21 所示，指令中各参数的说明如表 4.3 所示。

图 4.21　WAITFOR 指令联机表格

表 4.3　WAITFOR 指令参数说明

序　号	说　明
①	添加：NOT 或空白； 用示教器触摸屏下方的按钮在加括号的表达式之间添加：AND、OR 或 EXOR
②	添加：NOT 或空白； 用示教器触摸屏下方的按钮在加括号的表达式内添加：AND、OR 或 EXOR
③	等待的信号：IN、OUT、CYCFLAG、TIMER、FLAG
④	信号的编号
⑤	信号的名称
⑥	CONT：在预进过程中执行； 空白：预进停止时执行

对于本项目使用的设备，KUKA 工业机器人使用编号为 53 的数字量输入端检测工具架上是否有工具。在如图 4.20 所示的 FangJiaZhua 程序模块中添加 WAITFOR 指令，实现确保工具架上放置平口夹爪的位置为空时再放置平口夹爪以防止碰撞，操作步骤示例如下。

（1）将 KUKA 工业机器人设置为 T1 手动慢速运行方式，选择专家用户组，运行QuJiaZhua 程序模块或手动将平口夹爪安装在 KUKA 工业机器人 A6 轴法兰盘的快换装置上。选定程序模块 FangJiaZhua，打开程序编辑器，如图 4.20 所示。

（2）在程序编辑器中点击第一条 SPTP HOME Vel=100% DEFAULT 指令，点击示教器触摸屏下方的"指令"按钮，点击"逻辑"→WAITFOR，将WAITFOR指令联机表格添加到程序编辑器中，图4.21中②指向的参数选择NOT，等待的信号选择IN，信号的编号选择53，图4.21中⑥指向的参数选择空白。点击示教器触摸屏右下角的"指令OK"按钮，将WAITFOR指令添加到程序编辑器中，如图4.22所示。

（3）将一个其他工具放在工具架平口夹爪的放置位置，点击示教器触摸屏左上角或示教器右下角机器人图标，打开主菜单，点击"显示"→"输入/输出端"，如图4.7所示，点击"数字输入端"，打开"数字输入/输出端"窗口，点击"至"按钮，输入53，编号为53的数字量输入端的状态为TRUE，"值"列的圆圈显示绿色。点击示教器触摸屏上方的机器人解释器的状态显示R，点击"程序复位"，机器人解释器的状态显示R变为黄色，程序编辑器中表示程序语句指针的蓝色箭头指向程序的第1行。将确认开关按至中间位置并保持，按下示教器左侧的启动键或示教器背面的绿色启动键并保持，KUKA工业机器人进行BCO运行。BCO运行完成后示教器触摸屏上方的机器人解释器的状态显示R变为红色，示教器信息窗口提示"已达BCO"。将确认开关按至中间位置并保持，按下示教器左侧的启动键或示教器背面的绿色启动键并保持，KUKA工业机器人T1手动慢速运行方式下运行程序，程序运行期间机器人解释器的状态显示R为绿色，示教器信息窗口提示"等待（非输入端53）"，程序语句指针停留在程序编辑器的第4行WAITFOR指令处。将其他工具从工具架平口夹爪的放置位置取走，编号为53的数字量输入端的状态为FALSE，如图4.23所示的"数值输入/输出端"窗口中编号为53的数字量输入端"值"

图4.22 添加WAITFOR后的Fang JiaZhua的src文件

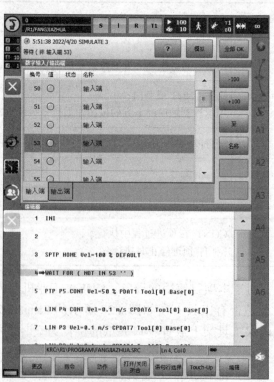

图4.23 等待

列的圆圈显示灰色。将示教器确认开关按至中间位置并保持，按下示教器左侧的启动键 ▶ 或示教器背面的绿色启动键并保持，KUKA工业机器人T1手动慢速运行方式下运行程序，可以利用快换装置将平口夹爪放到工具架上。FangJiaZhua程序模块调试完成后，点击"数字输入/输出端"窗口左侧的关闭按钮 ✕，关闭"数字输入/输出端"窗口，点击示教器触摸屏上方的机器人解释器的状态显示R，点击"取消选择程序"，返回导航器窗口。

4.1.3　KUKA工业机器人PULSE指令的应用

KUKA工业机器人通过执PULSE指令在指定的数字量输出端输出指定时间长度的脉冲。PULSE指令联机表格如图4.24所示，指令中各参数的说明如表4.4所示。

KUKA工业机器人
PULSE指令的应用

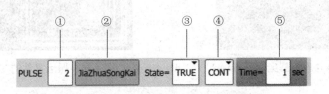

图4.24　PULSE指令联机表格

表4.4　PULSE指令参数说明

序　号	说　　明
①	数字量输出端编号
②	数字量输出端名称
③	数字量输出端被切换成的状态：TRUE；FALSE
④	CONT: 在预进过程中动作； 空白：预进停止时动作
⑤	脉冲长度：0.1~3s

编写BanYun1程序模块，实现利用平口夹爪将一个零件由仓储平台搬运至立体仓库，操作步骤示例如下。

（1）将KUKA工业机器人设置为T1手动慢速运行方式，选择专家用户组，设置合适的手动倍率。运行QuJiaZhua程序模块或手动将平口夹爪安装在KUKA工业机器人A6轴法兰盘的快换装置上。接下来的示教编程过程中使用如图2.25所示的平口夹爪的工具坐标系Tool2，如图2.36所示的仓储平台的基坐标系Base1。用3点法测量或用数字输入的方式创建如图4.25所示的立体仓库的基坐标系Base2。

（2）规划搬运零件的TCP轨迹，如图4.26所示。

（3）确认平口夹爪在搬运零件之前为松开的状态。对于本项目使用的设备，KUKA工业机器人使用编号为1的数字量输入端检测平口夹爪松开到位、使用编号为1的数字量输出端控制平口夹爪夹紧、使用编号为2的数字量输出端控制平口夹爪松开。创建并选定程序模块BanYun1。在程序编辑器中点击第一条SPTP HOME Vel=100% DEFAULT指令，点击示教器触摸屏下方的"指令"按钮，点击"逻辑"，点击OUT，如图4.11所示，点击"脉冲"，将PULSE指令联机表格添加到程序编辑器中，数字量输出端的编号设置为2，数字

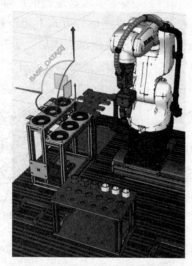

图 4.25　立体仓库的基坐标系 Base2

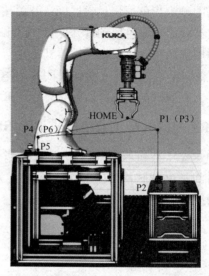

图 4.26　搬运零件的 TCP 轨迹

量输出端被切换成的状态设置为 TRUE，图 4.24 中④指向的参数选择空白，确保平口夹爪松开以后 KUKA 工业机器人再运动。点击示教器触摸屏右下角的"指令 OK"按钮，将 PULSE 指令添加到程序编辑器中。点击示教器触摸屏下方的"指令"按钮，点击"逻辑"，点击 WAITFOR，将 WAITFOR 指令联机表格添加到程序编辑器中，等待的信号选择 IN，信号的编号选择 1，图 4.21 中⑥指向的参数选择空白。点击示教器触摸屏右下角的"指令 OK"按钮，将 WAITFOR 指令添加到程序编辑器中。程序编辑器中已经添加的对平口夹爪进行监控的 PULSE 指令和 WAITFOR 指令如图 4.27 所示。

```
PULSE 2 'JiaZhuaSongKai' State=TRUE Time=1 sec

WAIT FOR ( IN 1 'PingKouSongKai' )
```

图 4.27　监控平口夹爪的指令

（4）手动操作 KUKA 工业机器人运动至如图 4.26 所示的 P2 点，如图 4.28 所示。在程序编辑器中点击 WAITFOR 指令，点击示教器触摸屏下方的"指令"按钮，点击"运动"→ LIN，将 LIN 指令联机表格添加到程序编辑器中。将 LIN 指令的目标点的名称设置为 P2，点击如图 3.13 所示目标点名称后面的箭头▶，在如图 3.16 所示的坐标变换选项窗口中，"工具"选择 Tool[2]，"基坐标"选择 Base[1]，点击示教器触摸屏下方的 Touch-Up 按钮，示教器信息窗口提示"当前坐标已应用于点 XP2 中"；如图 3.13 所示的③指向的参数选择空白，使得执行该 LIN 指令时 TCP 准确到达目标点 P2；速度设置为 0.1m/s；运动数据组采用默认设置。点击示教器触摸屏右下角的"指令 OK"按钮，将 LIN 指令添加到程序编辑器中。

（5）手动操作 KUKA 工业机器人运动至如图 4.26 所示 P2 点正上方的 P1 点，如图 4.29 所示。在程序编辑器中点击 WAITFOR 指令，点击示教器触摸屏下方的"指令"按钮，点击"运动"→ LIN，将 LIN 指令联机表格添加到程序编辑器中。将 LIN 指令的目标点的名称设置为 P1，点击示教器触摸屏下方的 Touch-Up 按钮，示教器信息窗口提示"当前

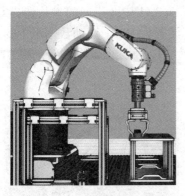

图 4.28　TCP 运动到 P2 点

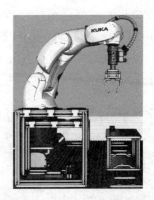

图 4.29　TCP 运动到 P1 点

坐标已应用于点 XP1 中";图 3.13 中③指向的参数选择 CONT,使得执行该 LIN 指令时目标点 P1 被轨迹逼近;速度设置为 0.1m/s;运动数据组中的"轨迹逼近距离"设置合适的数值。点击示教器触摸屏右下角的"指令 OK"按钮,将 LIN 指令添加到程序编辑器中。

（6）手动操作 KUKA 工业机器人运动至 P2 点。在程序编辑器中点击步骤（4）添加的以 P2 为目标点的 LIN 指令,点击示教器触摸屏下方的"指令"按钮,点击"逻辑"→OUT,如图 4.11 所示,再点击 OUT,将 OUT 指令联机表格添加到程序编辑器中,数字量输出端的编号设置为 1,数字量输出端被切换成的状态设置为 TRUE,将平口夹爪夹紧,图 4.4 中④指向的参数选择空白。点击示教器触摸屏右下角的"指令 OK"按钮,将OUT 指令添加到程序编辑器中。点击示教器触摸屏下方的"指令"按钮,点击"逻辑"→WAIT,将 WAIT 指令联机表格添加到程序编辑器中,等待时间设置为 1s。点击示教器触摸屏右下角的"指令 OK"按钮,将 WAIT 指令添加到程序编辑器中。

（7）点击步骤（5）添加的以 P1 为目标点的 LIN 指令,点击示教器触摸屏下方的"编辑"按钮,点击"复制",点击步骤（6）添加的 WAIT 指令,点击示教器触摸屏下方的"编辑"按钮,点击"添加",添加以与 P1 位置相同的 P3 为目标点的 LIN 指令。

（8）运行步骤（3）至步骤（7）已经完成的指令,KUKA 工业机器人利用平口夹爪将零件拾取并停留在 P3 点。手动操作 KUKA 工业机器人运动至如图 4.26 所示的 P5 点,如图 4.30 所示。在程序编辑器中点击步骤（7）添加的以 P3 为目标点 LIN 指令,点击示教器触摸屏下方的"指令"按钮,点击"运动"→LIN,将 LIN 指令联机表格添加到程序编辑器中。将 LIN 指令的目标点的名称设置为 P5,点击图 3.13 所示目标点名称后面的箭头 ▸,在如图 3.16 所示的坐标变换选项窗口中,"工具"选择 Tool[2],"基坐标"选择 Base[2],点击示教器触摸屏下方的 Touch-Up 按钮,示教器信息窗口提示"当前坐标已应用于点 XP5 中";如图 3.13 所示的③指向的参数选择空白,使得执行该 LIN 指令时 TCP准确到达目标点 P5;速度设置为 0.1m/s;运动数据组采用默认设置。点击示教器触摸屏右下角的"指令 OK"按钮,将 LIN 指令添加到程序编辑器中。

（9）手动操作 KUKA 工业机器人运动至如图 4.26 所示 P5 点正上方的 P4 点,如图 4.31所示。在程序编辑器中点击步骤（7）添加的以 P3 为目标点 LIN 指令,点击示教器触摸屏下方的"指令"按钮,点击"运动"→PTP,将 PTP 指令联机表格添加到程序编辑器中。将 PTP 指令的目标点的名称设置为 P4,点击示教器触摸屏下方的 Touch-Up 按钮,示教器信息窗口提示"当前坐标已应用于点 XP4 中";图 3.11 中③指向的参数选择 CONT，使得执行该 PTP 指令时目标点 P4 被轨迹逼近；速度设置为 50%；运动数据组中的"轨迹逼近距离"设置合适的数值。点击示教器触摸屏右下角的"指令 OK"按钮，将 PTP 指令添加到程序编辑器中。

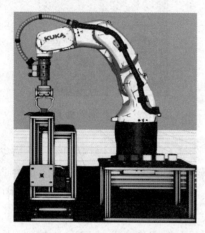

图 4.30　TCP 运动到 P5 点

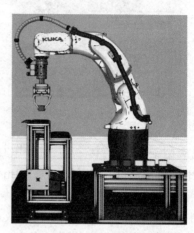

图 4.31　TCP 运动到 P4 点

（10）手动操作 KUKA 工业机器人运动至 P5 点。在程序编辑器中点击步骤（8）添加的以 P5 为目标点的 LIN 指令，点击示教器触摸屏下方的"指令"按钮，点击"逻辑"→ OUT，如图 4.11 所示，再点击 OUT，将 OUT 指令联机表格添加到程序编辑器中，数字量输出端的编号设置为 1，数字量输出端被切换成的状态设置为 FALSE，图 4.4 中④指向的参数选择空白。点击示教器触摸屏右下角的"指令 OK"按钮，将 OUT 指令添加到程序编辑器中。点击示教器触摸屏下方的"指令"按钮，点击"逻辑"→ WAIT，将 WAIT 指令联机表格添加到程序编辑器中，等待时间设置为 0.5s。点击示教器触摸屏右下角的"指令 OK"按钮，将 WAIT 指令添加到程序编辑器中。选中步骤（3）已经添加的 PULSE 指令和 WAITFOR 指令，点击示教器触摸屏下方的"编辑"按钮，点击"复制"，点击本步骤添加的 WAIT 指令，点击示教器触摸屏下方的"编辑"按钮，点击"添加"，添加如图 4.27 所示的 PULSE 指令和 WAITFOR 指令。

（11）点击步骤（9）添加的以 P4 为目标点的 PTP 指令，点击示教器触摸屏下方的"编辑"按钮，点击"复制"，点击步骤（10）添加的 WAITFOR 指令，点击示教器触摸屏下方的"编辑"按钮，点击"添加"，添加以与 P4 位置相同的 P6 为目标点的 PTP 指令，点击示教器触摸屏下方的"更改"按钮，在指令的联机表格中将 PTP 更改为 LIN；速度设置为 0.1m/s；如图 3.13 所示的③指向的参数选择空白。点击示教器触摸屏右下角的"指令 OK"按钮，将 LIN 指令添加到程序编辑器中。

（12）点击步骤（9）添加的以 P4 为目标点的 PTP 指令，点击示教器触摸屏下方的"语句行选择"按钮，程序语句指针指向以 P4 为目标点的 PTP 指令，运行步骤（9）至步骤（11）已经完成的指令，KUKA 工业机器人利用平口夹爪将零件放置到立体仓库中。"BanYun1"程序模块的 src 文件如图 4.32 所示。

（13）点击示教器触摸屏上方的机器人解释器的状态显示 R，点击"程序复位"，机器人解释器的状态显示 R 变为黄色，程序编辑器中表示程序语句指针的蓝色箭头指向程序的第 1 行。将确认开关按至中间位置并保持，按下示教器左侧的启动键▷或示教器背面的绿色启动键并保持，KUKA 工业机器人进行 BCO 运行。BCO 运行完成后示教器触摸屏上方的机器人解释器的状态显示 R 变为红色，示教器信息窗口提示"已达 BCO"。将确认开关按至中间位置并保持，按下示教器左侧的启动键▷或示教器背面的绿色启动键并保持，KUKA 工业机器人 T1 手动慢速运行方式下运行程序，程序运行期间机器人解释器的状态显示 R 为绿色，程序运行完成后机器人解释器的状态显示 R 为黑色，KUKA 工业机器人利用平口夹爪将一个零件由仓储平台搬运至立体仓库后返回 HOME 点。BanYun1 程序模块调试完成后，点击示教器触摸屏上方的机器人解释器的状态显示 R，点击"取消选择程序"，返回导航器窗口。

图 4.32 BanYun1 程序模块的 src 文件

任务 4.2 KUKA 工业机器人程序数据的应用

4.2.1 KUKA 工业机器人标准数据类型数据的应用

KUKA 工业机器人 KRL 程序预定义的标准数据类型包括整数 INT、实数 REAL、布尔数 BOOL、单个字符 CHAR。

KRL 程序数据的存储类型可以分为常量和变量。常量在声明时对其初始化赋值，在程序中不能对常量赋值。变量用来存储工业机器人程序运行过程中需要的数据，每个变量在存储器中都有一个存储位置用来存放数据，在程序中可以对变量赋值。

KUKA 工业机器人标准
数据类型数据的应用

KRL 程序数据在使用之前必须用关键词 DECL 声明。对于整数、实数、布尔数或单个字符型的程序数据的声明，关键词 DECL 可以省略。

常量在声明时用关键词 CONST 表示，常量只允许在数据列表 dat 文件中声明。例如对于程序模块 TEST，在 TEST.dat 文件中声明整数型常量 R，并对其初始化赋值为 2；声明实数型常量 PI，并对其初始化赋值为 3.14，如图 4.33 所示。

变量的声明可以在 src 文件、dat 文件或 $config.dat 文件中进行。

在 src 文件中声明的变量称为运行时间变量，该变量仅在被声明的程序中可用，不能始终被显示，程序运行到 END 行时释放该变量的存储位置。例如对于程序模块 TEST，在 TEST.src 文件中声明整数型变量 A，如图 4.34 所示。

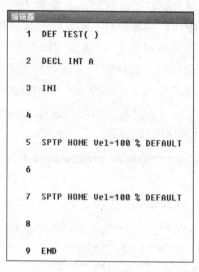

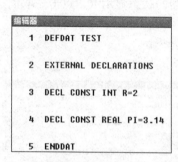

图 4.33　常量的声明和初始化举例　　　　图 4.34　在 src 文件中声明变量举例

在 *.dat 文件中声明的变量，在整个 *.src 文件及局部子程序中可用，在 *.src 文件程序运行期间始终可以被显示，变量值在程序运行结束后保持不变，将当前值保存在 *.dat 文件中，重新调用时以所保存的值开始。例如对于程序模块 TEST，在 TEST.dat 文件中声明实数型变量 B，如图 4.35 所示。在 dat 文件中可以声明全局变量。如果 dat 文件使用关键词 PUBLIC，并且在声明变量时使用关键词 GLOBAL，则该变量在所有程序中都可以被读写。

在 $config.dat 文件中声明的变量为全局变量，在所有程序中可用，即使没有程序运行也可以始终被显示。例如在 $config.dat 文件中声明布尔数型变量 C，如图 4.36 所示。

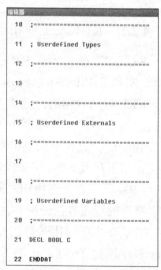

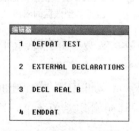

图 4.35　在 dat 文件中声明变量举例　　　　图 4.36　在 $config.dat 文件中声明变量举例

编写 main 程序模块，在 main.dat 文件中声明整数型全局变量 BY_STEP，用 BY_STEP 表示程序的运行状态，当 BY_STEP 等于 1 时表示正在运行取平口夹爪的程序 QuJiaZhua；当 BY_STEP 等于 2 时表示正在运行搬运一个零件的程序 BanYun1；当 BY_STEP 等于 3 时表示正在运行把平口夹爪放回工具架的程序 FangJiaZhua，操作步骤示例如下。

（1）将 KUKA 工业机器人设置为 T1 手动慢速运行方式，选择专家用户组，创建程序模块 main。

（2）在导航器右侧窗口中点击程序模块 main 的 dat 文件，点击示教器触摸屏右下角的"打开"按钮打开 main.dat 文件，将 DEF 行显示出来，按下示教器左侧的键盘按键，在示教器触摸屏上显示键盘，在程序编辑器第 1 行 DEFDAT main 末尾处输入 PUBLIC。点击程序编辑器第 2 行 EXTERNAL DECLARATIONS 末尾处，点击键盘上的回车键，输入 DECL GLOBAL INT BY_STEP，声明整数型全局变量 BY_STEP，如图 4.37 所示。点击程序编辑器左侧的关闭按钮，在弹出的如图 4.38 所示的询问窗口中点击"是"按钮保存对 main.dat 的更改，返回导航器窗口。

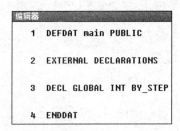

图 4.37　在 main.dat 文件中声明整数型全局变量 BY_STEP

图 4.38　保存对 main.dat 的更改

（3）在导航器右侧窗口中点击程序模块 main 的 src 文件，点击"选定"按钮打开程序编辑器，在 INI 的下一行输入 BY_STEP=0。在两条 SPTP HOME Vel=100% DEFAULT 指令之间利用键盘输入 BY_STEP=1，点击键盘上的回车键，输入 QuJiaZhua（），点击"指令"按钮，点击"逻辑"→WAIT，将 WAIT 指令联机表格添加到程序编辑器中，等待时间设置为 0.1s。点击键盘上的回车，输入 BY_STEP=2，点击键盘上的回车键，输入 BanYun1（），点击"指令"按钮，点击"逻辑"→WAIT，将 WAIT 指令联机表格添加到程序编辑器中，等待时间设置为 0.1s。点击键盘上的回车键，输入 BY_STEP=3，点击键盘上的回车键，输入 FangJiaZhua（），点击"指令"按钮，点击"逻辑"→WAIT，将 WAIT 指令联机表格添加到程序编辑器中，等待时间设置为 0.1s。点击键盘上的回车键，输入 BY_STEP=0。main 程序模块的 src 文件如图 4.39 所示。点击键盘左侧的关闭按钮关闭键盘。

（4）点击示教器触摸屏左上角或示教器右下角机器人图标打开主菜单，点击"显示"→"变量"，如图 4.40 所示，点击"单个"，打开"单项变量显示"窗口，如图 4.41 所示。点击"名称"处，输入 BY_STEP。

（5）点击示教器触摸屏上方的机器人解释器的状态显示 R，点击"程序复位"，机器人解释器的状态显示 R 变为黄色，程序编辑器中表示程序语句指针的蓝色箭头指向程序

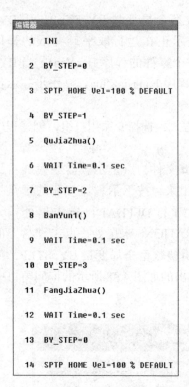

```
编辑器

 1  INI

 2  BY_STEP=0

 3  SPTP HOME Vel=100 % DEFAULT

 4  BY_STEP=1

 5  QuJiaZhua()

 6  WAIT Time=0.1 sec

 7  BY_STEP=2

 8  BanYun1()

 9  WAIT Time=0.1 sec

10  BY_STEP=3

11  FangJiaZhua()

12  WAIT Time=0.1 sec

13  BY_STEP=0

14  SPTP HOME Vel=100 % DEFAULT
```

图 4.39　main.src 文件

图 4.40　变量

的第 1 行。将确认开关按至中间位置并保持，按下示教器左侧的启动键 ▷ 或示教器背面的绿色启动键并保持，KUKA 工业机器人进行 BCO 运行。BCO 运行完成后示教器触摸屏上方的机器人解释器的状态显示 R 变为红色，示教器信息窗口提示"已达 BCO"。"单项变量显示"窗口中变量 BY_STEP 的当前值为 0，如图 4.42 所示。将确认开关按至中间位置并保持，按下示教器左侧的启动键 ▷ 或示教器背面的绿色启动键并保持，KUKA 工业机器人 T1 手动慢速运行方式下运行程序，程序运行期间机器人解释器的状态显示 R 为绿色，QuJiaZhua 程序模块运行期间，"单项变量显示"窗口中变量 BY_STEP 的当前值为 1，如

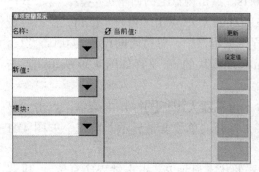

图 4.41　"单项变量显示"窗口

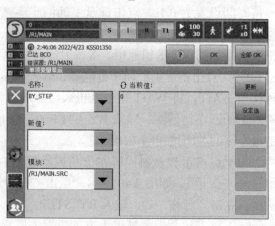

图 4.42　BY_STEP 的当前值为 0

图 4.43 所示；BanYun1 程序模块运行期间，"单项变量显示"窗口中变量 BY_STEP 的当前值为 2，如图 4.44 所示；FangJiaZhua 程序模块运行期间，"单项变量显示"窗口中变量 BY_STEP 的当前值为 3，如图 4.45 所示。程序运行完成后机器人解释器的状态显示 R 为黑色，"单项变量显示"窗口中变量 BY_STEP 的当前值为 0，如图 4.46 所示。main 程序模块调试完成后，点击"单项变量显示"窗口左侧的关闭按钮☒关闭"单项变量显示"窗口，点击示教器触摸屏上方的机器人解释器的状态显示 R，点击"取消选择程序"，返回导航器窗口。

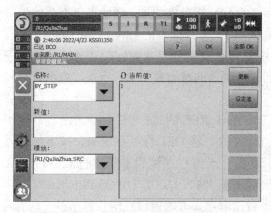

图 4.43　BY_STEP 的当前值为 1

图 4.44　BY_STEP 的当前值为 2

图 4.45　BY_STEP 的当前值为 3

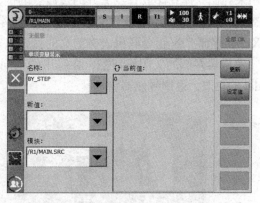

图 4.46　BY_STEP 的当前值为 0

4.2.2　KUKA 工业机器人目标位置型数据的应用

KRL 程序中 KUKA 工业机器人的目标位置可以用以下几种预定义的结构存储：AXIS、E6AXIS、POS、E6POS、FRAME。AXIS 存储 A1~A6 轴角度值；E6AXIS 存储 A1~A6 轴角度值和 E1~E6 外部轴数据；POS 存储位置（X、Y、Z）、姿态（A、B、C）、状态和转角方向（S、T）；E6POS 存储位置（X、Y、Z）、姿态（A、B、C）、状态和转角方向（S、T）及 E1~E6 外部轴数据；FRAME 存储位置（X、Y、Z）和姿态（A、B、C）。

KUKA 工业机器人目标位置型数据的应用

在 KRL 程序模块的 *.src 文件通过联机表格添加的 PTP、LIN、CIRC 等运动指令的目标点以 E6POS 型数据存储在 *.dat 文件中。

编写 BanYun1_REL 程序模块，实现利用平口夹爪将一个零件由仓储平台搬运至立体仓库，如图 4.26 所示，零件的拾取位置目标点 P2 和放置位置目标点 P5 仍然使用示教的方式获得，P2 和 P5 上方的过渡点使用 E6POS 型数据计算获得，操作步骤示例如下。

（1）规划搬运零件的 TCP 轨迹如图 4.47 所示。

（2）将 KUKA 工业机器人设置为 T1 手动慢速运行方式，选择专家用户组，创建程序模块 BanYun1_REL，参照 4.1.3 小节中的操作步骤，激活平口夹爪的工具坐标 Tool[2] 和仓储平台的基坐标 Base[1]，完成以 P2 为目标点的 LIN 指令的添加；激活平口夹爪的工具坐标 Tool[2] 和立体仓库的基坐标 Base[2]，完成以 P5 为目标点的 LIN 指令的添加；完成在零件拾取和放置位置对平口夹爪起监控作用的 PULSE、OUT、WAIT、WAITFOR 等逻辑指令的添加。点击示教器触摸屏上方的机器人解释器的状态显示 R，点击"取消选择程序"，返回导航器窗口。

（3）在导航器右侧窗口中点击程序模块 BanYun1_REL 的 dat 文件，点击示教器触摸屏右下角的"打开"按钮打开 BanYun1_REL.dat 文件，将 DEF 行显示出来，按下示教器左侧的键盘按键，在示教器触摸屏上显示键盘。点击程序编辑器第 2 行 EXTERNAL DECLARATIONS 末尾处，点击键盘上的回车键，输入 DECL E6POS PPICKREL，声明 E6POS 型变量 PPICKREL，用来存储仓储平台拾取点上方的过渡点的位置信息；点击键盘上的回车键，输入 DECL E6POS PPLACEREL，声明 E6POS 型变量 PPLACEREL，用来存储立体仓库放置点上方的过渡点的位置信息，如图 4.48 所示。在 BanYun1_REL.dat 文件中可以查看：存储 LIN 指令联机表格定义的目标点 P2 的位置信息的 E6POS 型数据 XP2、存储 LIN 指令联机表格定义的目标点 P5 的位置信息的 E6POS 型数据 XP5。点击程序编辑器左侧的关闭按钮，在弹出的询问窗口中点击"是"按钮保存对 BanYun1_REL.dat 的更改，返回导航器窗口。

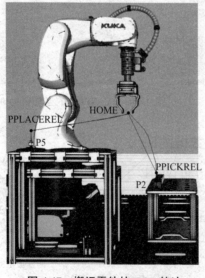

图 4.47　搬运零件的 TCP 轨迹

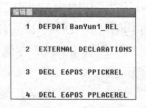

图 4.48　声明 E6POS 型变量

（4）在导航器右侧窗口中点击程序模块 BanYun1_REL 的 src 文件，点击示教器触摸屏右下角的"打开"按钮打开 BanYun1_REL.src 文件，将 DEF 行显示出来，按下示教器左侧的键盘按键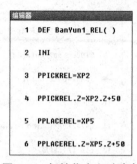，在示教器触摸屏上显示键盘。点击程序编辑器第 2 行 INI 的下一行空行，输入 PPICKREL=XP2，将 XP2 的位置信息赋给 PPICKREL；点击键盘上的回车键，输入 PPICKREL.Z=XP2.Z+50，将仓储平台上方的过渡点 PPICKREL 定义在拾取点 XP2 正上方 50mm 处；点击键盘上的回车键，输入 PPLACEREL=XP5，将 XP5 的位置信息赋给 PPLACEREL；点击键盘上的回车键，输入 PPLACEREL.Z=XP5.Z+50，将立体仓库上方的过渡点 PPLACEREL 定义在放置点 XP5 正上方 50mm 处，如图 4.49 所示。

图 4.49 初始化定义过渡点

（5）在程序编辑器中点击第一条 SPTP HOME Vel=100% DEFAULT 指令的末尾处，点击键盘上的回车键，输入 $TOOL=tool_data[2]，点击键盘上的回车键，输入 $BASE=base_data[1]；点击等待平口夹爪松开的 WAITFOR 指令的末尾处，点击键盘上的回车键，输入 LIN PPICKREL；点击等待平口夹爪夹住零件的 WAIT 指令的末尾处，点击键盘上的回车键，输入 LIN PPICKREL；点击 SPTP HOME Vel=100% DEFAULT 指令，点击程序编辑器下方的"编辑"按钮，点击"复制"，点击本步骤添加的第二条 LIN PPICKREL 指令，点击程序编辑器下方的"编辑"按钮，点击"添加"，添加 PTP HOME Vel=100% DEFAULT 指令。BanYun1_REL.src 文件中，实现利用平口夹爪在仓储平台拾取零件功能的程序如图 4.50 所示。

（6）点击步骤（5）添加的 SPTP HOME Vel=100% DEFAULT 指令的末尾处，点击键盘上的回车键，输入 $TOOL=tool_data[2]，点击键盘上的回车键，输入 $BASE=base_data[2]；点击键盘上的回车键，输入 PTP PPLACEREL；点击在立体仓库放置零件后等待平口夹爪松开的 WAITFOR 指令的末尾处，点击键盘上的回车键，输入 LIN PPLACEREL。BanYun1_REL.src 文件中，实现利用平口夹爪在立体仓库放置零件功能的程序如图 4.51 所示。点击键盘左侧的关闭按钮×关闭键盘。点击程序编辑器左侧的关闭按钮×，在弹出的询问窗口中点击"是"按钮保存对 BanYun1_REL.dat 的更改，返回导航器窗口。

（7）点击示教器触摸屏上方的机器人解释器的状态显示 R，点击"程序复位"，机器人解释器的状态显示 R 变为黄色，程序编辑器中表示程序语句指针的蓝色箭头指向程序的第 1 行。将确认开关按至中间位置并保持，按下示教器左侧的启动键或示教器背面的绿色启动键并保持，KUKA 工业机器人进行 BCO 运行。BCO 运行完成后示教器触摸屏上方的机器人解释器的状态显示 R 变为红色，示教器信息窗口提示"已达 BCO"。将确认开关按至中间位置并保持，按下示教器左侧的启动键或示教器背面的绿色启动键并保持，KUKA 工业机器人 T1 手动慢速运行方式下运行程序，程序运行期间机器人解释器的状态显示 R 为绿色，程序运行完成后机器人解释器的状态显示 R 为黑色，KUKA 工业机器人利用平口夹爪将一个零件由仓储平台搬运至立体仓库后返回 HOME 点。BanYun1_REL 程序模块调试完成后，点击示教器触摸屏上方的机器人解释器的状态显示 R，点击"取消选择程序"，返回导航器窗口。

图 4.50 在仓储平台拾取零件的程序

```
 7  SPTP HOME Vel=100 % DEFAULT

 8  $TOOL=tool_data[2]

 9  $BASE=base_data[1]

10  PULSE 2 'JiaZhuaSongKai' State=TRUE Time=1 sec

11  WAIT FOR ( IN 1 'PingKouSongKai' )

12  LIN PPICKREL

13  LIN P2 CONT Vel=0.1 m/s CPDAT2 Tool[2]:Tool2
      Base[1]:Base1

14  OUT 1 'JiaZhuaJiaJin' State=TRUE

15  WAIT Time=1 sec

16  LIN PPICKREL

17  SPTP HOME Vel=100 % DEFAULT
```

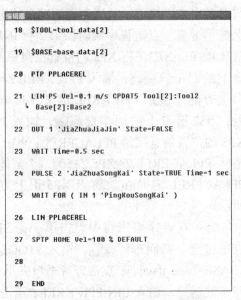

图 4.51 在立体仓库放置零件的程序

```
18  $TOOL=tool_data[2]

19  $BASE=base_data[2]

20  PTP PPLACEREL

21  LIN P5 Vel=0.1 m/s CPDAT5 Tool[2]:Tool2
      Base[2]:Base2

22  OUT 1 'JiaZhuaJiaJin' State=FALSE

23  WAIT Time=0.5 sec

24  PULSE 2 'JiaZhuaSongKai' State=TRUE Time=1 sec

25  WAIT FOR ( IN 1 'PingKouSongKai' )

26  LIN PPLACEREL

27  SPTP HOME Vel=100 % DEFAULT

28

29  END
```

4.2.3 KUKA 工业机器人带参数传递的子程序的应用

KRL 程序在进行子程序调用时可以将程序数据作为参数传递。既可以将参数传递给局部子程序，也可以将参数传递给全局子程序。

当变量作为 IN 参数进行传递时，子程序只能读取变量的值，不能修改变量的值；当变量作为 OUT 参数进行传递时，子程序既能读取变量的值，也能修改变量的值，将修改以后的变量值返回给主程序。

编写一个全局子程序 BanYun_N，主程序在调用该子程序时通过传递 INT 整型参数 N 告知该子程序搬运第 N+1 个零件，如图 4.52 和图 4.53 所示，实现搬运指定零件的任务，操作步骤示例如下。

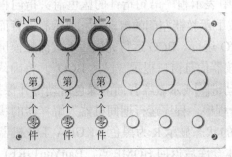

图 4.52 零件在仓储平台的拾取位置

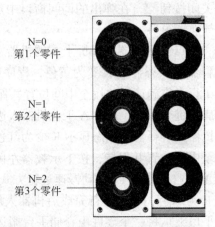

图 4.53 零件在立体仓库的放置位置

（1）将 KUKA 工业机器人设置为 T1 手动慢速运行方式，选择专家用户组。在导航器右侧窗口中点击 4.2.2 小节创建的程序模块 BanYun1_REL 的 dat 文件，点击示教器触摸屏下方的"备份"软件，或点击示教器触摸屏右下角的"编辑"按钮，点击"备份"，输入 BanYun_N，点击键盘上的回车键，或点击示教器触摸屏右下角的 OK 按钮；在导航器右侧窗口中点击 4.2.2 小节创建的程序模块 BanYun1_REL 的 src 文件，点击示教器触摸屏下方的"备份"软件，或点击示教器触摸屏右下角的"编辑"按钮，点击"备份"，输入 BanYun_N，点击键盘上的回车键，或点击示教器触摸屏右下角的 OK 按钮。

（2）在导航器右侧窗口中点击程序模块 BanYun_N 的 dat 文件，点击示教器触摸屏右下角的"打开"按钮打开 BanYun_N.dat 文件，将 DEF 行显示出来，按下示教器左侧的键盘按键，在示教器触摸屏上显示键盘。点击 4.2.2 小节在程序编辑器输入的 DECL E6POS PPLACEREL 末尾处，点击键盘上的回车键，输入 DECL E6POS PPICK，声明 E6POS 型变量 PPICK，用来存储仓储平台拾取点的位置信息；点击键盘上的回车键，输入 DECL E6POS PPLACE，声明 E6POS 型变量 PPLACE，用来存储立体仓库放置点的位置信息，如图 4.54 所示。点击程序编辑器左侧的关闭按钮×，在弹出的询问窗口中点击"是"按钮保存对 BanYun_N.dat 的更改，返回导航器窗口。

（3）在导航器右侧窗口中点击程序模块 BanYun_N 的 src 文件，点击示教器触摸屏右下角的"打开"按钮打开 BanYun_N.src 文件，将 DEF 行显示出来，按下示教器左侧的键盘按键，在示教器触摸屏上显示键盘。点击程序编辑器第 1 行 BanYun_N( )的括号内部，输入 N:IN，点击括号外部，点击键盘上的回车键，输入 DECL INT N，声明需要传递的 INT 整型 IN 参数 N，如图 4.55 所示。

图 4.54　声明 E6POS 型变量

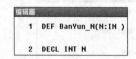

图 4.55　声明需要传递的 INT 整型 IN 参数 N

（4）测量仓储平台相邻零件放置位置的间距为 45mm，如图 4.56 所示；测量立体仓库同层相邻零件放置位置的间距为 100mm，如图 4.57 所示。选中 4.2.2 小节在 INI 之后添加的四行初始化语句，如图 4.49 所示，将其删除。在 INI 的下一行输入 PPICK=XP2，将 XP2 的位置信息赋给 PPICK；点击键盘上的回车键，输入 PPICK.Y=XP2.Y+45*N，根据 N 的值计算拾取点在仓储平台基坐标 Base[1] 的 Y 轴方向上的位置；点击键盘上的回车键，输入 PPICKREL=PPICK，将 PPICK 的位置信息赋给 PPICKREL；点击键盘上的回车键，输入 PPICKREL.Z=PPICK.Z+50，计算拾取点上方的过渡点在仓储平台基坐标 Base[1] 的 Z 轴方向上的位置；点击键盘上的回车键，输入 PPLACE=XP5，将 XP5 的位置信息赋给 PPLACE；点击键盘上的回车键，输入 PPLACE.Y=XP5.Y+100*N，根据 N 的值计算放置点在立体仓库基坐标 Base[2] 的 Y 轴方向上的位置；点击键盘上的回车键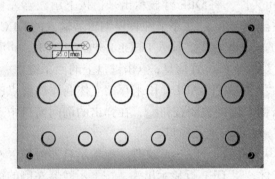，输入 PPLACEREL=PPLACE，将 PPLACE 的位置信息赋给 PPLACEREL；点击键盘上的回车键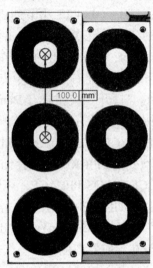，输入 PPLACEREL.Z=PPLACE.Z+50，计算放置点上方的过渡点在立体仓库基坐标 Base[2] 的 Z 轴方向上的位置，如图 4.58 所示。

图 4.56 仓储平台相邻零件位置的间距

图 4.57 立体仓库同层相邻零件位置的间距

（5）选中 4.2.2 小节添加的以 P2 为目标点的 LIN 指令，如图 4.50 所示，将其删除，输入 LIN PPICK，如图 4.59 所示；选中 4.2.2 小节添加的以 P5 为目标点的 LIN 指令，如图 4.51 所示，将其删除，输入 LIN PPLACE，如图 4.60 所示。点击程序编辑器左侧的关闭按钮⊠，在弹出的询问窗口中点击"是"按钮保存对 BanYun_N.src 的更改，返回导航器窗口。

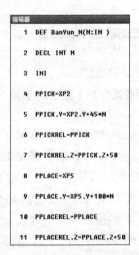

```
编辑器
 1  DEF BanYun_N(N:IN )
 2  DECL INT N
 3  INI
 4  PPICK=XP2
 5  PPICK.Y=XP2.Y+45*N
 6  PPICKREL=PPICK
 7  PPICKREL.Z=PPICK.Z+50
 8  PPLACE=XP5
 9  PPLACE.Y=XP5.Y+100*N
10  PPLACEREL=PPLACE
11  PPLACEREL.Z=PPLACE.Z+50
```

图 4.58 各目标位置的初始化

```
编辑器
12  SPTP HOME Vel=100 % DEFAULT
13  $TOOL=tool_data[2]
14  $BASE=base_data[1]
15  PULSE 2 'JiaZhuaSongKai' State=TRUE Time=1 sec
16  WAIT FOR ( IN 1 'PingKouSongKai' )
17  LIN PPICKREL
18  LIN PPICK
19  OUT 1 'JiaZhuaJiaJin' State=TRUE
20  WAIT Time=1 sec
21  LIN PPICKREL
22  SPTP HOME Vel=100 % DEFAULT
```

图 4.59 在仓储平台拾取零件的程序

（6）创建并选定程序模块 BanYun_MAIN。在程序编辑器中两条 SPTP HOME Vel=100% DEFAULT 指令之间输入 BanYun_N（2），搬运第 3 个零件。点击示教器触摸屏上方的机器人解释器的状态显示 R，点击"程序复位"，机器人解释器的状态显示 R 变为黄色，程序编辑器中表示程序语句指针的蓝色箭头指向程序的第 1 行。将确认开关按至中间位置并保持，按下示教器左侧的启动键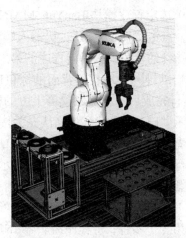或示教器背面的绿色启动键并保持，KUKA工业机器人进行 BCO 运行。BCO 运行完成后示教器触摸屏上方的机器人解释器的状态显示 R 变为红色，示教器信息窗口提示"已达 BCO"。将确认开关按至中间位置并保持，按下示教器左侧的启动键或示教器背面的绿色启动键并保持，KUKA 工业机器人 T1 手动慢速运行方式下运行程序，程序运行期间机器人解释器的状态显示 R 为绿色，程序运行完成后机器人解释器的状态显示 R 为黑色，KUKA 工业机器人利用平口夹爪将第 3 个零件由仓储平台搬运至立体仓库后返回 HOME 点，如图 4.61 所示。可以在程序编辑器中输入 BanYun_N（0），测试搬运第 1 个零件；输入 BanYun_N（1），测试搬运第 2 个零件。BanYun_MAIN 程序模块调试完成后，点击示教器触摸屏上方的机器人解释器的状态显示 R，点击"取消选择程序"，返回导航器窗口。

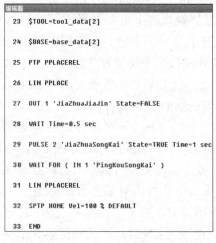

图 4.60　在立体仓库放置零件的程序

图 4.61　N=2 时搬运第 3 个零件

任务 4.3　KUKA 工业机器人程序流程控制指令的应用

4.3.1　KUKA 工业机器人 SWITCH CASE 指令的应用

KRL 程序中多分支流程控制用 SWITCH CASE 指令实现。用 SWITCH 后面的变量的值表示不同分支的条件，根据 SWITCH 后面的变量的值，执行与其对应的 CASE 后面的指令；如果没有与 SWITCH 后面的变量的值对应的 CASE，则执行 DEFAULT 后面的指令。

编写一个程序模块 BanYun_MAIN1，调用 4.2.3 小节编写的程序模块 BanYun_N，在 BanYun_MAIN1 中声明 INT 整型变量 N 作为 SWITCH CASE 指令分支的条件，根据 N 的值，执行与其对应的 CASE 后面的指令，实现搬运第 N+1 个零件的任务，如图 4.52 和图 4.53 所示，操作步骤示例如下。

（1）将 KUKA 工业机器人设置为 T1 手动慢速运行方式，选择专家用户组。创建程序模块 BanYun_MAIN1。

（2）在导航器右侧窗口中点击程序模块 BanYun_MAIN1 的 src 文件，点击示教器触摸屏右下角的"打开"按钮打开 BanYun_MAIN1.src 文件，将 DEF 行显示出来，按下示教器左侧的键盘按键，点击程序编辑器第 1 行 BanYun_MAIN1 的末尾，点击键盘上的回车键，输入 DECL INT N，声明 INT 整型变量 N，点击 INI 的下一行空行，输入 N=1，将 N 的值初始化为 1，搬运第二个零件。点击两条 SPTP HOME Vel=100% DEFAULT 指令之间的空行，输入 SWITCH N；点击键盘上的回车键，输入 CASE 0，点击键盘上的回车键，输入 BanYun_N（0）；点击键盘上的回车键，输入 CASE 1，点击键盘上的回车键，输入 BanYun_N（1）；点击键盘上的回车键，输入 CASE 2，点击键盘上的回车键，输入 BanYun_N（2）；点击键盘上的回车键，输入 DEFAULT，点击两条 SPTP HOME Vel=100% DEFAULT 指令之间的空行，输入 ENDSWITCH。为了使程序层次清晰，可在适当位置输入空格。BanYun_MAIN1.src 文件如图 4.62 所示。点击键盘左侧的关闭按钮关闭键盘。点击程序编辑器左侧的关闭按钮，在弹出的询问窗口中点击"是"按钮保存对 BanYun_MAIN1.src 的更改，返回导航器窗口。

（3）选定程序模块 BanYun_MAIN1。点击示教器触摸屏上方的机器人解释器的状态显示 R，点击"程序复位"，机器人解释器的状态显示 R 变为黄色，程序编辑器中表示程序语句指针的蓝色箭头指向程序的第 1 行。将确认开关按至中间位置并保持，按下示教器左侧的启动键或示教器背面的绿色启动键并保持，KUKA 工业机器人进行 BCO 运行。BCO 运行完成后示教器触摸屏上方的机器人解释器的状态显示 R 变为红色，示教器信息窗口提示"已达 BCO"。将确认开关按至中间位置并保持，按下示教器左侧的启动键或示教器背面的绿色启动键并保持，KUKA 工业机器人 T1 手动慢速运行方式下运行程序，程序运行期间机器人解释器的状态显示 R 为绿色，程序运行完成后机器人解释器的状态显示 R 为黑色，KUKA 工业机器人利用平口夹爪将第 2 个零件由仓储平台搬运至立体仓库后返回 HOME 点，如图 4.63 所示。可以将程序编辑器 INI 的下一行处修改为：N=0，测试搬运第 1 个零件；将程序编辑器 INI 的下一行处修改为：N=2，测试搬运第 3 个零件；将程序编辑器 INI 的下一行处修改为 N 等于除 0、1、2 以外的其他值，则运行程序时执行 DEFAULT 后面的 SPTP HOME Vel=100% DEFAULT 指令，KUKA 工业机器人停在 HOME

```
编辑器
1  DEF BanYun_MAIN1( )
2  DECL INT N
3  INI
4  N=1
5  SPTP HOME Vel=100 % DEFAULT
6   SWITCH N
7    CASE 0
8      BanYun_N(0)
9    CASE 1
10     BanYun_N(1)
11   CASE 2
12     BanYun_N(2)
13   DEFAULT
14  SPTP HOME Vel=100 % DEFAULT
15   ENDSWITCH
16  END
```

图 4.62　SWITCH CASE 指令应用举例

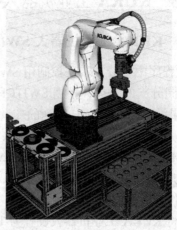

图 4.63　N=1 时搬运第 2 个零件

点不动作。BanYun_MAIN1 程序模块调试完成后，点击示教器触摸屏上方的机器人解释器的状态显示 R，点击"取消选择程序"，返回导航器窗口。

4.3.2　KUKA 工业机器人 IF、LOOP、EXIT 指令的应用

KRL 程序中条件分支流程控制用 IF 指令实现。若 IF 后面的条件满足，则执行 THEN 后面的指令；若 IF 后面的条件不满足，如果有 ELSE 部分则执行 ELSE 后面的指令，如果没有 ELSE 部分则执行 ENDIF 后面的指令。多个 IF 指令可以嵌套使用实现程序的多重分支流程控制。

KRL 程序中无限循环流程控制用 LOOP 指令实现。LOOP 与 ENDLOOP 之间的指令被无限循环执行。可以用 EXIT 指令退出无限循环。

编写一个程序模块 BanYun_MAIN2，利用 LOOP 指令循环调用 4.2.3 小节编写的程序模块 BanYun_N，实现利用平口夹爪将三个零件由仓储平台搬运至立体仓库，如图 4.64 和图 4.65 所示，在 BanYun_MAIN2 中声明 INT 整型变量 N 对搬运的次数计数，用 IF 指令判断搬运的次数，完成三次搬运后用 EXIT 指令退出循环，操作步骤示例如下。

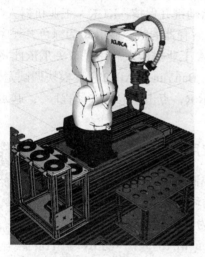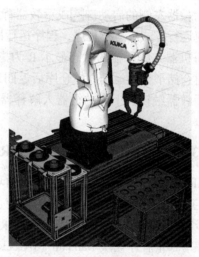

図 4.64　搬运前　　　　　　　　　　図 4.65　搬运后

（1）将 KUKA 工业机器人设置为 T1 手动慢速运行方式，选择专家用户组。创建程序模块 BanYun_MAIN2。

（2）在导航器右侧窗口中点击程序模块 BanYun_MAIN2 的 src 文件，点击示教器触摸屏右下角的"打开"按钮打开 BanYun_MAIN2.src 文件，将 DEF 行显示出来，按下示教器左侧的键盘按键，点击程序编辑器第 1 行 BanYun_MAIN2 的末尾，点击键盘上的回车键，输入 DECL INT N，声明 INT 整型变量 N，点击 INI 的下一行空行，输入 N=0，将 N 的值初始化为 0。点击两条 SPTP HOME Vel=100% DEFAULT 指令之间的空行，输入 LOOP；点击键盘上的回车键，输入 IF N<3 THEN，将 N<3 作为执行 THEN 后面的指令的条件；点击键盘上的回车键，输入 BanYun_N(N)；点击键盘上的回车键，输入 N=N+1，每调用完一次 BanYun_N( )，N 的值加 1；点击键盘上的回车键，输入 ELSE；点击键盘上的回车键，输入 EXIT，如果不满足 N<3 的条件则退出 LOOP 循

环；点击键盘上的回车键 ，输入 ENDIF；点击键盘上的回车键 ，输入 ENDLOOP。为了使程序层次清晰，可在适当位置输入空格。BanYun_MAIN2.src 文件如图 4.66 所示。点击键盘左侧的关闭按钮 关闭键盘。点击程序编辑器左侧的关闭按钮 ，在弹出的询问窗口中点击"是"按钮保存对 BanYun_MAIN2.src 的更改，返回导航器窗口。

```
编辑器
 1   DEF BanYun_MAIN2( )
 2   DECL INT N
 3   INI
 4   N=0
 5   SPTP HOME Vel=100 % DEFAULT
 6   LOOP
 7    IF N<3 THEN
 8      BanYun_N(N)
 9      N=N+1
10    ELSE
11      EXIT
12    ENDIF
13   ENDLOOP
14   SPTP HOME Vel=100 % DEFAULT
15   END
```

图 4.66　LOOP、IF、EXIT 指令应用举例

（3）选定程序模块 BanYun_MAIN2。点击示教器触摸屏上方的机器人解释器的状态显示 R，点击"程序复位"，机器人解释器的状态显示 R 变为黄色，程序编辑器中表示程序语句指针的蓝色箭头指向程序的第 1 行。将确认开关按至中间位置并保持，按下示教器左侧的启动键 或示教器背面的绿色启动键并保持，KUKA 工业机器人进行 BCO 运行。BCO 运行完成后示教器触摸屏上方的机器人解释器的状态显示 R 变为红色，示教器信息窗口提示"已达 BCO"。将确认开关按至中间位置并保持，按下示教器左侧的启动键 或示教器背面的绿色启动键并保持，KUKA 工业机器人 T1 手动慢速运行方式下运行程序，程序运行期间机器人解释器的状态显示 R 为绿色，程序运行完成后机器人解释器的状态显示 R 为黑色，KUKA 工业机器人利用平口夹爪依此将 3 个零件由仓储平台搬运至立体仓库后返回 HOME 点。BanYun_MAIN2 程序模块调试完成后，点击示教器触摸屏上方的机器人解释器的状态显示 R，点击"取消选择程序"，返回导航器窗口。

4.3.3　KUKA 工业机器人 FOR 指令的应用

KUKA 工业机器人
FOR 指令的应用

KRL 程序中按照指定循环次数循环的流程控制用 FOR 指令实现。FOR 与 ENDFOR 之间的指令按照指定循环次数循环执行。FOR 循环默认的步幅为 1，可以利用关键词 STEP 将步幅设置为其他整数。

编写一个程序模块 BanYun_MAIN3，在 BanYun_MAIN3 中声明 INT 整型变量 N 对搬运的次数计数，利用 FOR 指令循环调用 4.2.3 小节编写的程序模块 BanYun_N，实现利用平口夹爪将三个零件由仓储平台搬运至立体仓库，如图 4.64 和图 4.65 所示，操作步骤示例如下。

（1）将 KUKA 工业机器人设置为 T1 手动慢速运行方式，选择专家用户组。创建程序模块 BanYun_MAIN3。

（2）在导航器右侧窗口中点击程序模块 BanYun_MAIN3 的 src 文件，点击示教器触摸屏右下角的"打开"按钮打开 BanYun_MAIN3.src 文件，将 DEF 行显示出来，按下示教器左侧的键盘按键 ，点击程序编辑器第 1 行 BanYun_MAIN3 的末尾，点击键盘上的回车键 ，输入 DECL INT N，声明 INT 整型变量 N。点击两条 SPTP HOME Vel=100% DEFAULT 指令之间的空行，输入 FOR N=0 TO 2，将 N 的值初始化为 0，每执行一次循环 N 的值加 1，当 N 的值为 0、1、2 时执行 FOR 与 ENDFOR 之间的指令；点击键盘上的回车键 ，输入 BanYun_N(N)；点击键盘上的回车键 ，输入 ENDFOR。为了使

程序层次清晰，可在适当位置输入空格。BanYun_MAIN3.src 文件如图 4.67 所示。点击键盘左侧的关闭按钮 ✕ 关闭键盘。点击程序编辑器左侧的关闭按钮 ✕，在弹出的询问窗口中点击"是"按钮保存对 BanYun_MAIN3.src 的更改，返回导航器窗口。

```
编辑器
 1  DEF BanYun_MAIN3( )
 2  DECL INT N
 3  INI
 4
 5  SPTP HOME Vel=100 % DEFAULT
 6  FOR N=0 TO 2
 7      BanYun_N(N)
 8  ENDFOR
 9  SPTP HOME Vel=100 % DEFAULT
10  END
```

图 4.67　FOR 指令应用举例

（3）选定程序模块 BanYun_MAIN3。点击示教器触摸屏上方的机器人解释器的状态显示 R，点击"程序复位"，机器人解释器的状态显示 R 变为黄色，程序编辑器中表示程序语句指针的蓝色箭头指向程序的第 1 行。将确认开关按至中间位置并保持，按下示教器左侧的启动键 ▷ 或示教器背面的绿色启动键并保持，KUKA 工业机器人进行 BCO 运行。BCO 运行完成后示教器触摸屏上方的机器人解释器的状态显示 R 变为红色，示教器信息窗口提示"已达 BCO"。将确认开关按至中间位置并保持，按下示教器左侧的启动键 ▷ 或示教器背面的绿色启动键并保持，KUKA 工业机器人 T1 手动慢速运行方式下运行程序，程序运行期间机器人解释器的状态显示 R 为绿色，程序运行完成后机器人解释器的状态显示 R 为黑色，KUKA 工业机器人利用平口夹爪依此将 3 个零件由仓储平台搬运至立体仓库后返回 HOME 点。BanYun_MAIN3 程序模块调试完成后，点击示教器触摸屏上方的机器人解释器的状态显示 R，点击"取消选择程序"，返回导航器窗口。

4.3.4　KUKA 工业机器人 WHILE 指令的应用

KRL 程序中当条件满足时，执行循环的流程控制用 WHILE 指令实现。当 WHILE 后面的条件满足时，WHILE 与 ENDWHILE 之间的指令循环执行。

KUKA 工业机器人
WHILE 指令的应用

将 4.2.3 小节编写的程序模块 BanYun_N 备份为 BanYun_NN，修改 BanYun_NN 的初始化部分。编写一个程序模块 BanYun_MAIN4，在 BanYun_MAIN4 中声明 INT 整型变量 N 对搬运的次数计数，调用任务 4.1 创建的 QuJiaZhua 程序模块，实现利用快换装置从工具架上拾取平口夹爪；利用 WHILE 指令循环调用全局子程序 BanYun_NN，实现利用平口夹爪将六个零件由仓储平台搬运至立体仓库；调用任务 4.1 创建的 FangJiaZhua 程序模块，实现将平口夹爪放回工具架，如图 4.1~图 4.3 所示，操作步骤示例如下。

（1）将 KUKA 工业机器人设置为 T1 手动慢速运行方式，选择专家用户组。在导航器右侧窗口中点击 4.2.3 小节创建的程序模块 BanYun_N 的 dat 文件，点击示教器触摸屏下方的"备份"按钮，或点击示教器触摸屏右下角的"编辑"按钮，点击"备份"，输入 BanYun_NN，点击键盘上的回车键 ⏎，或点击示教器触摸屏右下角的 OK 按钮；在导航器右侧窗口中点击 4.2.3 小节创建的程序模块 BanYun_N 的 src 文件，点击示教器触摸屏下方的"备份"按钮，或点击示教器触摸屏右下角的"编辑"按钮，点击"备份"，输入 BanYun_NN，点击键盘上的回车键 ⏎，或点击示教器触摸屏右下角的 OK 按钮。

（2）测量立体仓库上下层相邻零件放置位置间距，测得沿立体仓库基坐标 Base[2] 的 X 轴方向间距为 90mm；测得沿立体仓库基坐标 Base[2] 的 Z 轴方向间距为 55mm，如图 4.68 所示。在导航器右侧窗口中点击程序模块 BanYun_NN 的 src 文件，点击示教器触摸屏右下角的"打开"按钮打开 BanYun_NN.src 文件，将 DEF 行显示出来，按下示教器左侧的键盘按键⊘，点击初始化部分的 PPLACE=XP5 行末尾，点击键盘上的回车键，输入 IF N<3 THEN；点击初始化部分的 PPLACEREL.Z=PPLACE.Z+50 行末尾，点击键盘上的回车键，输入 ELSE；点击键盘上的回车键，输入 PPLACE.X=XP5.X−90，计算当 N 等于 3、4、5 时放置点在立体仓库基坐标 Base[2] 的 X 轴方向上的位置；点击键盘上的回车键，输入 PPLACE.Y=XP5.Y+100*(N−3)，计算 N 等于 3、4、5 时放置点在立体仓库基坐标 Base[2] 的 Y 轴方向上的位置；点击键盘上的回车键，输入 PPLACE.Z=XP5.Z−55，计算当 N 等于 3、4、5 时放置点在立体仓库基坐标 Base[2] 的 Z 轴方向上的位置；点击键盘上的回车键，输入 ENDIF，如图 4.69 所示。点击程序编辑器左侧的关闭按钮✕，在弹出的询问窗口中点击"是"按钮保存对 BanYun_NN.src 的更改，返回导航器窗口。

图 4.68　立体仓库上下层相邻零件位置的间距

```
编辑器
 1  DEF BanYun_NN(N:IN )
 2  DECL INT N
 3  INI
 4  PPICK=XP2
 5  PPICK.Y=XP2.Y+45*N
 6  PPICKREL=PPICK
 7  PPICKREL.Z=PPICK.Z+50
 8  PPLACE=XP5
 9  IF N<3 THEN
10  PPLACE.Y=XP5.Y+100*N
11  ELSE
12  PPLACE.X=XP5.X-90
13  PPLACE.Y=XP5.Y+100*(N-3)
14  PPLACE.Z=XP5.Z-55
15  ENDIF
16  PPLACEREL=PPLACE
17  PPLACEREL.Z=PPLACE.Z+50
```

图 4.69　各目标位置的初始化

（3）创建程序模块 BanYun_MAIN4。在导航器右侧窗口中点击程序模块 BanYun_MAIN4 的 src 文件，点击示教器触摸屏右下角的"打开"按钮打开 BanYun_MAIN4.src 文件，将 DEF 行显示出来，按下示教器左侧的键盘按键⊘，点击程序编辑器第 1 行 BanYun_MAIN4 的末尾，点击键盘上的回车键，输入 DECL INT N，声明 INT 整型变量 N。点击 INI 的下一行空行，输入 N=0，将 N 的值初始化为 0。点击两条 SPTP HOME Vel=100% DEFAULT 指令之间的空行，输入 QuJiaZhua()，调用全局子程序 QuJiaZhua；点击键盘上的回车键，输入 WHILE N<6，当 N 的值小于 6 时执行 WHILE 与 ENDWHILE 之间的指令；点击键盘上的回车键，输入 BanYun_NN(N)，调用全局子程序 BanYun_NN；点击键盘上的回车键，输入 N=N+1；点击键盘上的回车键，输入 ENDWHILE；点击键盘上的回车键，输入 FangJiaZhua()，调用全局子程序 FangJiaZhua。为了使程序层次清晰，可在适当位置输入空格。BanYun_MAIN4.src 文件如图 4.70 所示。点击键盘左侧的关闭按钮✕关闭

```
编辑器
 1  DEF BanYun_MAIN4( )
 2  DECL INT N
 3  INI
 4  N=0
 5  PTP HOME Vel=100 % DEFAULT
 6  QuJiaZhua()
 7  WHILE N<6
 8    BanYun_NN(N)
 9    N=N+1
10  ENDWHILE
11  FangJiaZhua()
12  PTP HOME Vel=100 % DEFAULT
13  END
```

图 4.70　WHILE 指令应用举例

键盘。点击程序编辑器左侧的关闭按钮 ⊠，在弹出的询问窗口中点击"是"按钮保存对 BanYun_MAIN4.src 的更改，返回导航器窗口。

（4）选定程序模块 BanYun_MAIN4。点击示教器触摸屏上方的机器人解释器的状态显示 R，点击"程序复位"，机器人解释器的状态显示 R 变为黄色，程序编辑器中表示程序语句指针的蓝色箭头指向程序的第 1 行。将确认开关按至中间位置并保持，按下示教器左侧的启动键 ▷ 或示教器背面的绿色启动键并保持，KUKA 工业机器人进行 BCO 运行。BCO 运行完成后示教器触摸屏上方的机器人解释器的状态显示 R 变为红色，示教器信息窗口提示"已达 BCO"。将确认开关按至中间位置并保持，按下示教器左侧的启动键 ▷ 或示教器背面的绿色启动键并保持，KUKA 工业机器人 T1 手动慢速运行方式下运行程序，程序运行期间机器人解释器的状态显示 R 为绿色，程序运行完成后机器人解释器的状态显示 R 为黑色，KUKA 工业机器人利用平口夹爪依此将 6 个零件由仓储平台搬运至立体仓库后返回 HOME 点。BanYun_MAIN4 程序模块调试完成后，点击示教器触摸屏上方的机器人解释器的状态显示 R，点击"取消选择程序"，返回导航器窗口。

4.3.5 KUKA 工业机器人 REPEAT 指令的应用

KRL 程序中直到条件满足时退出循环的流程控制用 REPEAT 指令实现。当 UNTIL 后面的条件满足时，退出 REPEAT 与 UNTIL 之间循环执行的指令。

KUKA 工业机器人
REPEAT 指令的应用

编写一个程序模块 BanYun_MAIN5，在 BanYun_MAIN5 中声明 INT 整型变量 N 对搬运的次数计数，调用任务 4.1 创建的 QuJiaZhua 程序模块，实现利用快换装置从工具架上拾取平口夹爪；利用 REPEAT 指令循环调用 4.3.4 小节创建的全局子程序 BanYun_NN，实现利用平口夹爪将 6 个零件由仓储平台搬运至立体仓库；调用任务 4.1 创建的 FangJiaZhua 程序模块，实现将平口夹爪放回工具架，如图 4.1~图 4.3 所示，操作步骤示例如下。

（1）将 KUKA 工业机器人设置为 T1 手动慢速运行方式，选择专家用户组。在导航器右侧窗口中点击 4.3.4 小节创建的程序模块 BanYun_MAIN4 的 dat 文件，点击示教器触摸屏下方的"备份"按钮，或点击示教器触摸屏右下角的"编辑"按钮，点击"备份"，输入 BanYun_MAIN5，点击键盘上的回车键 ⏎，或点击示教器触摸屏右下角的 OK 按钮；在导航器右侧窗口中点击 4.3.4 小节创建的程序模块 BanYun_MAIN4 的 src 文件，点击示教器触摸屏下方的"备份"按钮，或点击示教器触摸屏右下角的"编辑"按钮，点击"备份"，输入 BanYun_MAIN5，点击键盘上的回车键 ⏎，或点击示教器触摸屏右下角的 OK 按钮。

（2）在导航器右侧窗口中点击程序模块 BanYun_MAIN5 的 src 文件，点击示教器触摸屏右下角的"打开"按钮打开 BanYun_MAIN5.src 文件，将 DEF 行显示出来，按下示教器左侧的键盘按键 ✎，点击 WHILE N<6 行末尾，点击键盘上的删除键 ⌫ 将 WHILE N<6 删除，输入 REPEAT；点击 ENDWHILE 行末尾，点击键盘上的删除键 ⌫ 将 ENDWHILE 删除，输入 UNTIL N==6。BanYun_MAIN5.src 文件如图 4.71 所示。点击键盘左侧的关闭按钮

```
编辑器
 1  DEF BanYun_MAIN5( )
 2  DECL INT N
 3  INI
 4  N=0
 5  PTP HOME Vel=100 % DEFAULT
 6  QuJiaZhua()
 7  REPEAT
 8    BanYun_NN(N)
 9    N=N+1
10  UNTIL N==6
11  FangJiaZhua()
12  PTP HOME Vel=100 % DEFAULT
13  END
```

图 4.71 REPEAT 指令应用举例

✕关闭键盘。点击程序编辑器左侧的关闭按钮✕，在弹出的询问窗口中点击"是"按钮保存对 BanYun_MAIN5.src 的更改，返回导航器窗口。

（3）选定程序模块 BanYun_MAIN5。点击示教器触摸屏上方的机器人解释器的状态显示 R，点击"程序复位"，机器人解释器的状态显示 R 变为黄色，程序编辑器中表示程序语句指针的蓝色箭头指向程序的第 1 行。将确认开关按至中间位置并保持，按下示教器左侧的启动键▷或示教器背面的绿色启动键并保持，KUKA 工业机器人进行 BCO 运行。BCO 运行完成后示教器触摸屏上方的机器人解释器的状态显示 R 变为红色，示教器信息窗口提示"已达 BCO"。将确认开关按至中间位置并保持，按下示教器左侧的启动键▷或示教器背面的绿色启动键并保持，KUKA 工业机器人 T1 手动慢速运行方式下运行程序，程序运行期间机器人解释器的状态显示 R 为绿色，程序运行完成后机器人解释器的状态显示 R 为黑色，KUKA 工业机器人利用平口夹爪依此将 6 个零件由仓储平台搬运至立体仓库后返回 HOME 点。BanYun_MAIN5 程序模块调试完成后，点击示教器触摸屏上方的机器人解释器的状态显示 R，点击"取消选择程序"，返回导航器窗口。

 项目拓展

KUKA 工业机器人中断程序的应用

在 KUKA 工业机器人运行程序的过程中，如果出现需要紧急处理的情况，机器人控制系统会中断当前正在运行的程序，程序指针会跳转到专门处理紧急情况的程序，处理完紧急情况后，程序指针返回程序被中断的位置继续运行接下来的程序。这种专门处理紧急情况的程序被称为中断程序。

KUKA 工业机器人的中断事件和中断程序用 INTERRUPT DECL…WHEN…DO… 来声明。中断的声明是一个指令，必须位于程序的指令部分，不允许位于声明部分。程序中最多允许声明 32 个中断。同一时间最多允许 16 个中断被激活。

中断声明的句法如下：

<GLOBAL> INTERRUPT DECL Prio WHEN 事件 DO 中断

中断声明参数说明如表 4.5 所示。

表 4.5　中断声明参数说明

参　　数	类　型	说　　明
＜GLOBAL＞		在中断声明的开头如果有关键词 GLOBAL，则声明为全局中断
Prio	INT	优先级 1、2、4~39 和 81~128 可供选择；优先级 3 和 4~80 是预留给系统应用的。如果多个中断同时出现，则先执行优先级最高的中断（1 为最高优先级），再执行优先级低的中断
事件	BOOL	触发中断的事件，可以通过一个脉冲上升沿被识别
中断程序		中断程序的名称和参数

用 INTERRUPT 指令可以激活、取消激活、禁止、开通中断。INTERRUPT 指令的句法如下：

INTERRUPT 操作＜编号＞

INTERRUPT 指令参数说明如表 4.6 所示。

表 4.6　INTERRUPT 指令参数说明

参　数	说　　　明
操作	ON：激活一个中断； OFF：取消激活一个中断； DISABLE：禁止一个中断； ENABLE：开通一个原本禁止的中断
＜编号＞	对应于执行操作的中断程序的编号，即优先级。 编号可以省略。编号省略时，ON 或 OFF 针对所有声明的中断；DISABLE 和 ENABLE 针对所有被激活的中断

对于本项目使用的设备，KUKA 工业机器人使用编号为 5 的数字量输入端连接一个按钮控制停止搬运。编写一个程序模块 BanYun_MAIN6，在 BanYun_MAIN6 的 dat 文件中声明 BOOL 布尔型变量 FLAG1 用作停止搬运的标志位，在 BanYun_MAIN6 的 src 文件中声明 INT 整型变量 N 对搬运的次数计数，调用任务 4.1 创建的 QuJiaZhua 程序模块，实现利用快换装置从工具架上拾取平口夹爪；利用 REPEAT 指令循环调用 4.3.4 小节创建的全局子程序 BanYun_NN，实现利用平口夹爪将零件由仓储平台搬运至立体仓库；若搬运过程中按下停止搬运按钮，则 KUKA 工业机器人完成当前正在搬运的一个零件任务后，调用任务 4.1 创建的 FangJiaZhua 程序模块，实现将平口夹爪放回工具架，操作步骤示例如下。

（1）将 KUKA 工业机器人设置为 T1 手动慢速运行方式，选择专家用户组。在导航器右侧窗口中点击 4.3.5 小节创建的程序模块 BanYun_MAIN5 的 dat 文件，点击示教器触摸屏下方的"备份"按钮，或点击示教器触摸屏右下角的"编辑"按钮，点击"备份"，输入 BanYun_MAIN6，点击键盘上的回车键⏎，或点击示教器触摸屏右下角的 OK 按钮；在导航器右侧窗口中点击 4.3.5 小节创建的程序模块 BanYun_MAIN5 的 src 文件，点击示教器触摸屏下方的"备份"按钮，或点击示教器触摸屏右下角的"编辑"按钮，点击"备份"，输入 BanYun_MAIN6，点击键盘上的回车键⏎，或点击示教器触摸屏右下角的 OK 按钮。

（2）在导航器右侧窗口中点击程序模块 BanYun_MAIN6 的 dat 文件，点击示教器触摸屏右下角的"打开"按钮打开 BanYun_MAIN6.dat 文件。按下示教器左侧的键盘按钮✎，在示教器触摸屏上显示键盘。点击程序编辑器 EXTERNAL DECLARATIONS 末尾处，点击键盘上的回车键⏎，输入 DECL BOOL FALG1，声明布尔型变量 FALG1，如图 4.72 所示。点击程序编辑器左侧的关闭按钮✕，在弹出的询问窗口中点击"是"按钮保存对 BanYun_MAIN6.dat 的更改，返回导航器窗口。

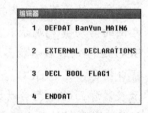

图 4.72　声明 BOOL 布尔型变量 FLAG1

（3）在导航器右侧窗口中点击程序模块 BanYun_MAIN6 的 src 文件，点击示教器触摸屏右下角的"打开"按钮打开 BanYun_MAIN6.src 文件，将 DEF 行显示出来，按下示教器左侧的键盘按钮✎，点击 INI 的末尾，点击键盘上的回车键⏎，输入 FLAG1=FALSE；点击键盘上的回车键⏎，输入 INTERRUPT DECL 20 WHEN $IN[5]==TRUE DO

TZBY()，声明中断；点击键盘上的回车键，输入 INTERRUPT ON 20，激活编号为 20 的中断；点击 N=N+1 的末尾，点击键盘上的回车键，输入 IF FLAG1==TRUE THEN；点击键盘上的回车键，输入 EXIT；点击键盘上的回车键，输入 ENDIF；点击 FangJiaZhua() 的末尾，点击键盘上的回车键，输入 FLAG1=FALSE；点击第二条 PTP HOME Vel=100% DEFAULT 的末尾，点击键盘上的回车键，输入 INTERRUPT OFF 20，取消激活编号为 20 的中断；点击 END 的末尾，点击键盘上的回车键，输入 DEF TZBY()，定义中断程序；点击键盘上的回车键，输入 FLAG1=TRUE；点击键盘上的回车键，输入 END。BanYun_MAIN6.src 文件如图 4.73 所示。点击键盘左侧的关闭按钮⊠关闭键盘。点击程序编辑器左侧的关闭按钮⊠，在弹出的询问窗口中点击"是"按钮保存对 BanYun_MAIN6.src 的更改，返回导航器窗口。

```
编辑器
 1  DEF BanYun_MAIN6( )
 2  DECL INT N
 3  INI
 4  FLAG1=FALSE
 5  INTERRUPT DECL 20 WHEN $IN[5]==TRUE DO TZBY()
 6  INTERRUPT ON 20
 7  N=0
 8  PTP HOME Vel=100 % DEFAULT
 9  QuJiaZhua()
10  REPEAT
11    BanYun_NN(N)
12    N=N+1
13    IF FLAG1==TRUE THEN
14      EXIT
15    ENDIF
16  UNTIL N==6
17  FangJiaZhua()
18  FLAG1=FALSE
19  PTP HOME Vel=100 % DEFAULT
20  INTERRUPT OFF 20
21  END
22  DEF TZBY()
23  FLAG1=TRUE
24  END
```

图 4.73 中断程序应用举例

（4）选定程序模块 BanYun_MAIN6。点击示教器触摸屏上方的机器人解释器的状态显示 R，点击"程序复位"，机器人解释器的状态显示 R 变为黄色，程序编辑器中表示程序语句指针的蓝色箭头指向程序的第 1 行。将确认开关按至中间位置并保持，按下示教器左侧的启动键▶或示教器背面的绿色启动键并保持，KUKA 工业机器人进行 BCO 运行。BCO 运行完成后示教器触摸屏上方的机器人解释器的状态显示 R 变为红色，示教器信息窗口提示"已达 BCO"。将确认开关按至中间位置并保持，按下示教器左侧的启动键▶或示教器背面的绿色启动键并保持，KUKA 工业机器人 T1 手动慢速运行方式下运行程序，程序运行期间机器人解释器的状态显示 R 为绿色，搬运零件期间按下连接编号为 5 的数字量输入端的停止搬运按钮,KUKA 工业机器人完成当前正在进行的一个零件的搬运任务后，将平口夹爪放回工具架，返回 HOME 点，KUKA 工业机器人程序运行完成后机器人解释器的状态显示 R 为黑色。BanYun_MAIN6 程序模块调试完成后，点击示教器触摸屏上方的机器人解释器的状态显示 R，点击"取消选择程序"，返回导航器窗口。

练习题

1. 选择题

（1）KUKA 工业机器人通过执行（　　　　）指令实现与信号有关的等待功能。

　　A. WAITFOR　　　　B. OUT　　　　　C. WAIT　　　　　D. PULSE

（2）KRL 程序中直到条件满足时退出循环的流程控制用（　　　）指令实现。

　　A. FOR　　　　　　B. LOOP　　　　　C. REPEAT　　　　D. WHILE

（3）KRL 程序中预定义的结构（　　　　）存储位置（X、Y、Z）、姿态（A、B、C）、状态和转角方向（S、T）及 E1~E6 外部轴数据。

　　A. E6POS　　　　　B. POS　　　　　　C. E6AXIS　　　　D. AXIS

2. 简答题

（1）简述 KRL 程序中 SWITCH CASE 指令与 IF 指令实现的流程控制功能。

（2）简述 KRL 程序中 LOOP 指令、FOR 指令、WHILE 指令与 REPEAT 指令实现的流程控制功能。

3. 实操题

编写 KUKA 工业机器人程序，实现如图 4.74 和图 4.75 所示的搬运任务。首先利用安装在 KUKA 工业机器人 A6 轴法兰盘上的快换装置拾取工具架上的平口夹爪，然后利用平口夹爪将立体仓库上的三个零件依次搬运至仓储平台，最后将平口夹爪放回工具架。

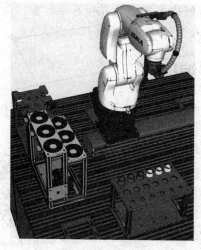

图 4.74　搬运前

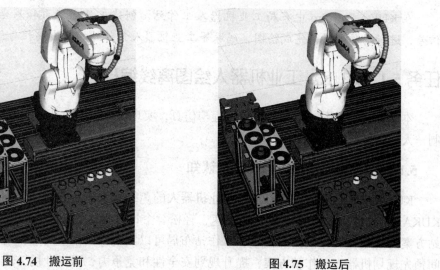

图 4.75　搬运后

KUKA工业机器人离线编程与仿真

 学习目标

1. 能正确在 KUKA.Sim Pro 中布局工业机器人工作站。
2. 能正确在 KUKA.Sim Pro 中创建坐标系。
3. 能正确在 KUKA.Sim Pro 中设置 IO 信号。
4. 能正确在 KUKA.Sim Pro 中进行动作配置。
5. 能正确在 KUKA.Sim Pro 中进行离线编程与仿真。

项目描述

在 KUKA.Sim Pro 中布局工业机器人工作站，创建工具坐标系和基坐标系，设置 IO 信号，进行动作配置，完成绘图、码垛等工业机器人工作站的离线编程与仿真。

任务 5.1　KUKA 工业机器人绘图离线编程

本任务通过绘图工作站的离线编程与仿真，实现 KR 3 R540 工业机器人在绘图板上绘制 "人" 字的任务。

5.1.1　KUKA.Sim Pro 软件的认知

KUKA.Sim Pro 是用于 KUKA 工业机器人的离线编程仿真软件。使用 KUKA.Sim Pro 可以通过虚拟方式快速、轻松、个性化地进行机器人工作站方案的规划，确保机器人程序和工作站布局可以实现，以精准的节拍时间预先规划机器人工作站方案，提升规划安全性和竞争力，以专业的方式将工作站解决方案呈现给最终客户。

KUKA.Sim Pro
软件的认知

打开 KUKA.Sim Pro 3.1.2 软件，进入 "开始" 界面，如图 5.1 所示。在 "开始" 界面，可以使用 KUKA.Sim Pro 3.1.2 提供的组件或外部导入的组件在 3D 世界进行工作站布局。"开始" 界面的命令如表 5.1 所示。

单击 "建模" 标签，进入 "建模" 界面，如图 5.2 所示。在 "建模" 界面，可以进行创建、导入组件；设置组件的特征、行为、属性、原点等工作。"建模"界面的命令如表5.2所示。

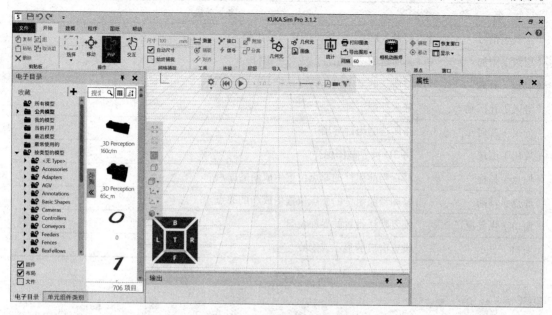

图5.1　"开始"界面

表5.1　"开始"界面的命令

名　称	功　能
（剪贴板）复制	将选择的内容复制到剪贴板
（剪贴板）粘贴	将剪贴板的内容粘贴到3D世界
（剪贴板）删除	将选择的内容删除
（操作）选择	选择单个或多个组件
（操作）组	添加组件至组以便在3D世界快速选择
（操作）取消组	取消组
（操作）移动	将所选的组件在3D世界内参照坐标系某个轴的方向移动或旋转
（操作）PnP	将所选的组件在3D世界内拖动或旋转（世界坐标系下Z轴方向的坐标值不变）
（操作）交互	关节运动
（网格捕捉）自动尺寸	选中时：不可以设置网格捕捉尺寸； 未选中时：可以设置网格捕捉尺寸
（网格捕捉）始终捕捉	选中时：每次移动距离单位为网格捕捉尺寸； 未选中时：每次移动距离为鼠标拖动距离
（工具）测量	测量距离和角度
（工具）捕捉	指定一个目标位置以移动被选中物体
（工具）对齐	选择要对齐的源和目标几何元以移动物体
（连接）接口	打开/关闭显示组件的连接接口

续表

名 称	功 能
（工具）信号	打开/关闭显示组件的输入输出信号
（层级）附加	将所选的两个组件形成父子组件
（层级）分离	将所选的父子组件分离
（导入）几何元	导入外部组件
（导出）几何元	将所选的组件导出
（导出）图像	将3D世界截图保存
（原点）捕捉	捕捉当前组件的原点位置生成新的原点
（原点）移动	移动当前组件的原点位置生成新的原点
（窗口）恢复窗口	恢复默认设置的界面窗口
（窗口）显示	设置窗口的显示或隐藏

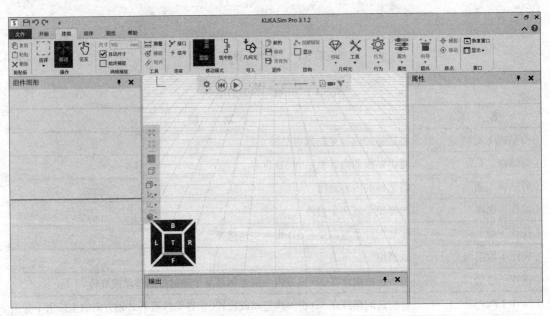

图 5.2 "建模"界面

表 5.2 "建模"界面的命令

名 称	功 能
（剪贴板）复制	将选择的内容复制到剪贴板
（剪贴板）粘贴	将剪贴板的内容粘贴到3D世界
（剪贴板）删除	将选择的内容删除
（操作）选择	选择单个或多个组件
（操作）移动	将所选的组件在3D世界内参照坐标系某个轴的方向移动或旋转
（操作）交互	关节运动

续表

名　　　称	功　　　能
（网格捕捉）自动尺寸	选中时：不可以设置网格捕捉尺寸 未选中时：可以设置网格捕捉尺寸
（网格捕捉）始终捕捉	选中时：每次移动距离单位为网格捕捉尺寸 未选中时：每次移动距离为鼠标拖动距离
（工具）测量	测量距离和角度
（工具）捕捉	指定一个目标位置以移动被选中物体
（工具）对齐	选择要对齐的源和目标几何元以移动物体
（连接）接口	打开/关闭显示组件的连接接口
（连接）信号	打开/关闭显示组件的输入输出信号
（移动模式）层级	移动、捕捉、对齐会影响选中的特征或节点/关节和它们的子系
（移动模式）选中的	移动、捕捉、对齐仅影响选中的特征或节点/关节，不影响子系
（导入）几何元	导入外部组件
（组件）新的	创建新的组件
（组件）保存	保存组件
（组件）另存为	另存为组件
（结构）创建链接	为选中的节点创建一个新的链接
（结构）显示	选中时：显示所选组件的节点； 未选中时：不显示所选组件的节点
（几何元）特征	添加组件的特征
（几何元）工具	添加组件的工具
（行为）行为	添加组件的行为
（属性）属性	添加组件的属性
（额外）向导	添加组件向导
（原点）捕捉	捕捉当前组件的原点位置生成新的原点
（原点）移动	移动当前组件的原点位置生成新的原点
（窗口）恢复窗口	恢复默认设置的界面窗口
（窗口）显示	设置窗口的显示或隐藏

单击"程序"标签，进入"程序"界面，如图 5.3 所示。在"程序"界面，可以进行离线编程等工作。"程序"界面的命令如表 5.3 所示。

表 5.3　"程序"界面的命令

名　　　称	功　　　能
（剪贴板）复制	将选择的内容复制到剪贴板
（剪贴板）粘贴	将剪贴板的内容粘贴到 3D 世界

续表

名　　称	功　　能
（剪贴板）删除	将选择的内容删除
（操作）选择	选择单个或多个组件
（操作）移动	将所选的组件在 3D 世界内参照坐标系某个轴的方向移动或旋转
（操作）点动	关节运动或点动
（网格捕捉）自动尺寸	选中时：不可以设置网格捕捉尺寸； 未选中时：可以设置网格捕捉尺寸
（网格捕捉）始终捕捉	选中时：每次移动距离单位为网格捕捉尺寸； 未选中时：每次移动距离为鼠标拖动距离
（工具和实用程序）测量	测量距离和角度
（工具和实用程序）捕捉	指定一个目标位置以移动被选中物体
（工具和实用程序）对齐	选择要对齐的源和目标几何元以移动物体
（工具和实用程序）环境校准	将组件放在选中机器人的选中基坐标上
（工具和实用程序）更换机器人	使用另一个机器人更换选中的机器人，从而保存机器人程序、工具坐标系与基坐标系配置及所有接口连接
（工具和实用程序）移动机器人世界框	平移或旋转机器人世界框
（显示）连接线	选中时：显示位置之间的连接线； 未选中时：不显示位置之间的连接线
（显示）跟踪	选中时：显示 TCP 轨迹； 未选中时：不显示 TCP 轨迹
（连接）接口	打开 / 关闭显示组件的连接接口
（连接）信号	打开 / 关闭显示组件的输入输出信号
（碰撞检测）检测器活跃	选中时：打开碰撞检测功能； 未选中时：关闭碰撞检测功能
（碰撞检测）碰撞时停止	选中时：打开碰撞时停止仿真运行功能； 未选中时：关闭碰撞时停止仿真运行功能
（碰撞检测）检测器	碰撞检测设置
（锁定位置）至参考（坐标）	锁定机器人位置至参考（坐标）
（锁定位置）至世界（坐标）	锁定机器人位置至世界（坐标）
（限位）颜色高亮	选中时：打开机器人关节运动超过限位时颜色高亮功能； 未选中时：关闭机器人关节运动超过限位时颜色高亮功能
（限位）限位停止	选中时：打开机器人关节运动超过限位时停止功能； 未选中时：关闭机器人关节运动超过限位时停止功能
（限位）消息面板输出	选中时：打开消息面板输出功能； 未选中时：关闭消息面板输出功能
（窗口）恢复窗口	恢复默认设置的界面窗口
（窗口）显示	设置窗口的显示或隐藏

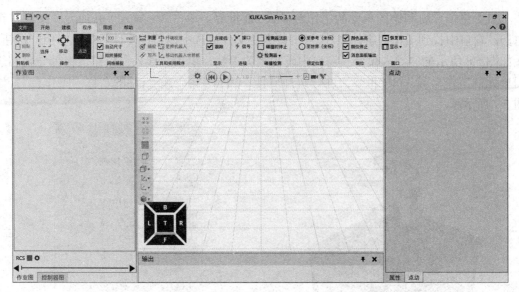

图 5.3　"程序"界面

　　单击"图纸"标签，进入"图纸"界面，如图 5.4 所示。在"图纸"界面可以进行生成图纸、标注尺寸、注释等工作。

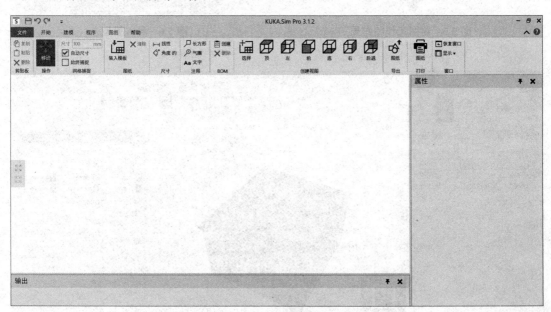

图 5.4　"图纸"界面

5.1.2　KUKA.Sim Pro 中工作站的布局

　　打开 KUKA.Sim Pro 3.1.2 软件，进入"开始"界面。在 3D 世界中，滚动鼠标滚轮可以放大缩小视图；同时按下鼠标左键和鼠标右键移动鼠标可以平移视图；按下鼠标右键移动鼠标可以旋转视图。

　　在 3D 世界中完成如图 5.5 所示的绘图工作站的布局，操作步骤示例如下。

KUKA.Sim Pro 中
工作站的布局

（1）将带导轨和绘图单元的工作台导入 3D 世界。单击"（导入）几何元"按钮，在"打开"窗口中找到工作台组件文件，双击该组件文件或选中该组件文件后单击"打开"按钮，在如图 5.6 所示的"导入模型"窗口中设置相关参数，单击"导入"按钮，将带导轨和绘图单元的工作台导入 3D 世界。在"组件属性"窗口中输入该组件的名称"工作台"，如图 5.7 所示。

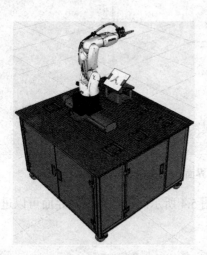

图 5.5　绘图工作站布局

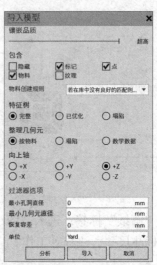

图 5.6　导入模型

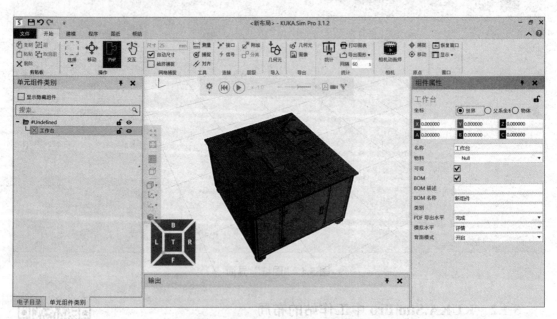

图 5.7　将工作台组件导入 3D 世界

（2）将绘图板导入 3D 世界。单击"（导入）几何元"按钮，在"打开"窗口中找到绘图板组件文件，双击该组件文件或选中该组件文件后单击"打开"按钮，在如图 5.6 所示的"导入模型"窗口中设置相关参数，单击"导入"按钮，将绘图板导入 3D 世界

（图 5-7）。"组件属性"窗口中的坐标选择"世界"；输入该组件在世界坐标系下绕 Z 轴旋转的角度值 A90；输入该组件的名称"绘图板"；物料选择 white。单击"（操作）PnP"按钮，在 3D 世界中将鼠标移动至绘图板周边圆环的内部，按住鼠标左键移动鼠标，将绘图板移动至空白位置，如图 5.8 所示。

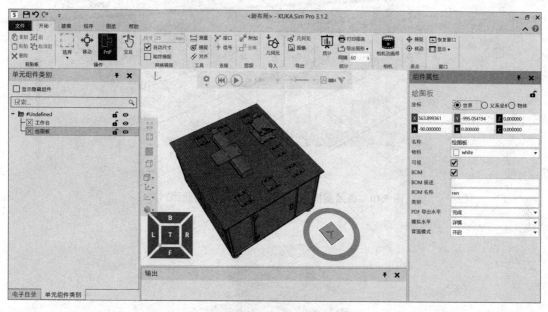

图 5.8　将绘图板组件导入 3D 世界

（3）将绘图板的上平面与绘图单元指定的面对齐。单击"（工具）对齐"按钮，"对齐"窗口的捕捉类型选择"面"，单击选中绘图板如图 5.9 所示的上平面，单击工作台绘图单元如图 5.10 所示需要对齐的面。面对齐以后的效果如图 5.11 所示。

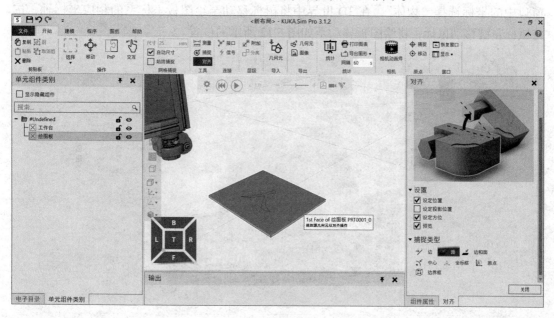

图 5.9　对齐面

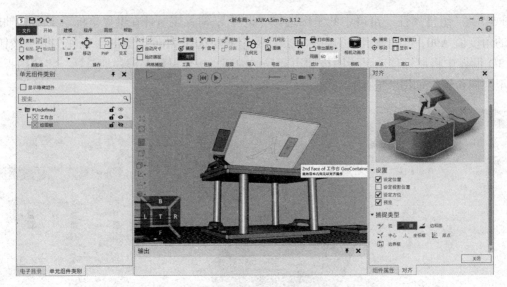

图 5.10 将绘图板的上平面与绘图单元的此面对齐

图 5.11 面对齐以后的效果

（4）参照物体坐标将绘图板移动至合适位置。单击"（操作）移动"按钮，"组件属性"窗口中的坐标选择"物体"，在 3D 世界中将鼠标移动至绘图板坐标系的相应坐标轴，按住鼠标左键移动鼠标，将绘图板移动至如图 5.12 所示的位置。

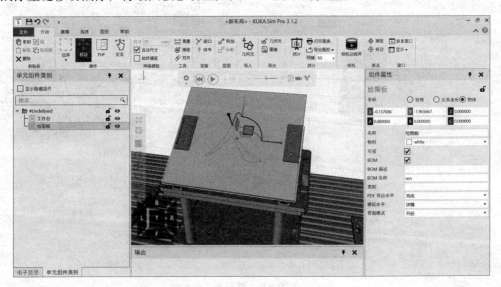

图 5.12 参照物体坐标移动绘图板

（5）将绘图板指定的边与绘图单元指定的边对齐。单击"（工具）对齐"按钮，"对齐"窗口的捕捉类型选择"边"，单击选中绘图板如图5.13所示的边，单击工作台绘图单元如图5.14所示需要对齐的边。

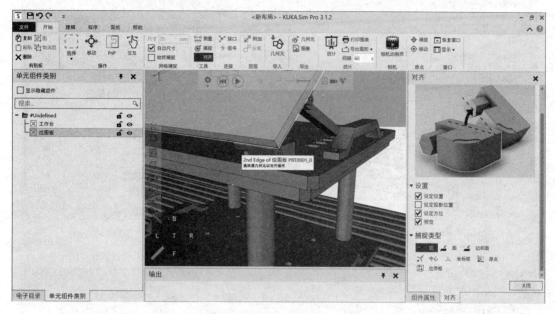

图5.13　对齐边

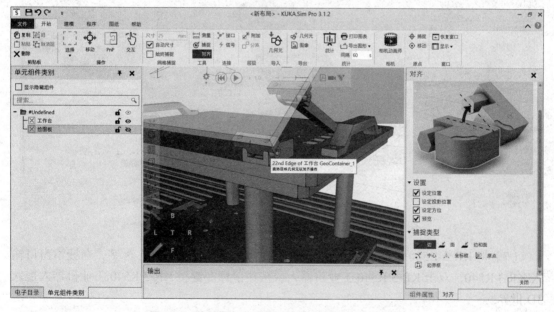

图5.14　将绘图板指定的边与绘图单元的此边对齐

（6）将绘图板指定的中心与绘图单元指定的中心对齐。单击"（工具）对齐"按钮，"对齐"窗口的捕捉类型选择"中心"，单击选中绘图板如图5.15所示的中心，单击工作台绘图单元如图5.16所示需要对齐的中心。

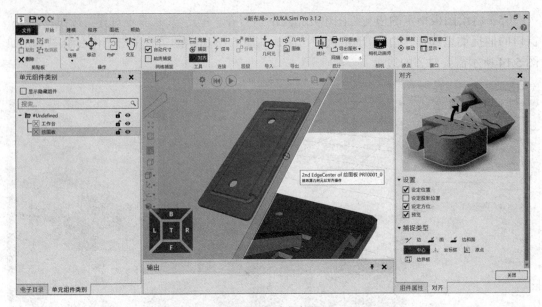

图 5.15　对齐中心

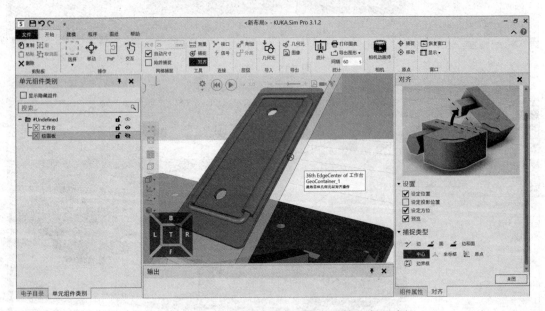

图 5.16　将绘图板指定的中心与绘图单元的此中心对齐

（7）将 KR 3 R540 工业机器人导入 3D 世界。单击"电子目录"标签，在搜索窗口输入 KR 3 R540，双击 KR 3 R540 工业机器人或按住鼠标左键将 KR 3 R540 工业机器人拖入 3D 世界。

（8）将 KR 3 R540 工业机器人指定的中心与导轨上的底座指定的中心对齐。"组件属性"窗口中的坐标选择：世界；输入 KR 3 R540 工业机器人在世界坐标系下 Z 轴上的坐标值 Z1600。单击"（工具）对齐"按钮，"对齐"窗口的捕捉类型选择"中心"，单击选中 KR 3 R540 工业机器人如图 5.17 所示的中心，单击导轨上的底座如图 5.18 所示需要对齐的中心。

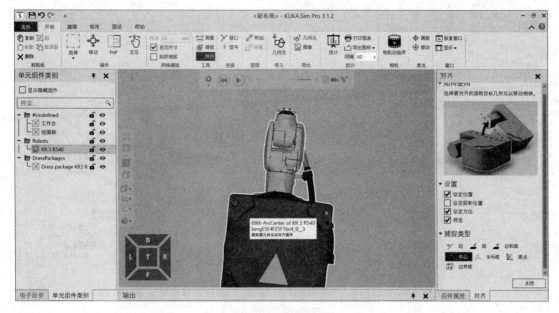

图 5.17 对齐中心

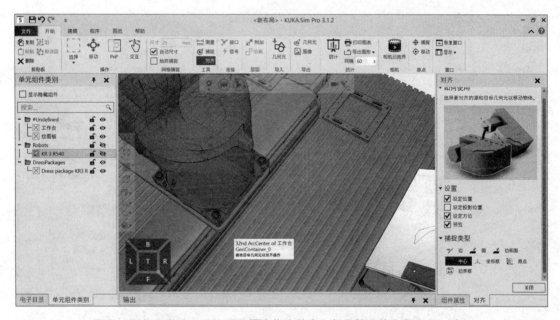

图 5.18 将 **KR 3 R540** 工业机器人指定的中心与导轨上的底座此中心对齐

（9）将 KR 3 R540 工业机器人指定的面与导轨上的底座指定的面对齐。"对齐"窗口的设置选择"设定投影位置"；捕捉类型选择"面"，单击选中 KR 3 R540 工业机器人如图 5.19 所示的面，单击导轨上的底座如图 5.20 所示需要对齐的面。单击"（工具）对齐"按钮或单击"对齐"窗口的"关闭"按钮关闭"对齐"窗口。

（10）单击"保存"按钮，单击"浏览"按钮，在"另存为"窗口中设置绘图工作站文件的保存路径，将绘图工作站文件命名为"绘图工作站 .vcmx"，单击"保存"按钮。

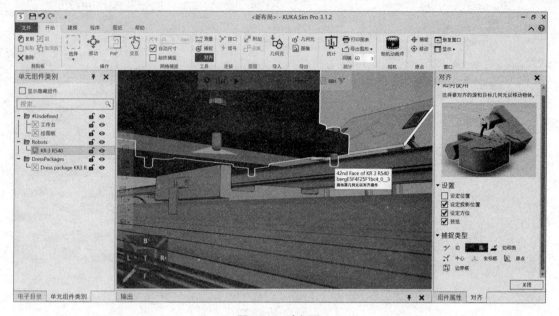

图 5.19　对齐面

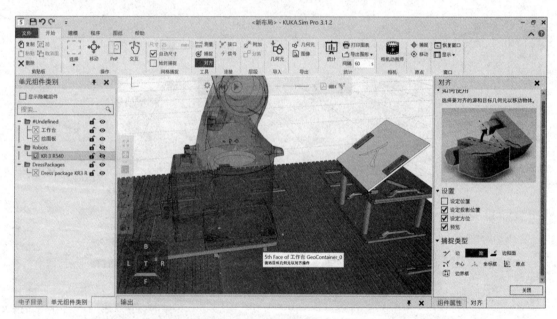

图 5.20　将 KR 3 R540 工业机器人指定的面与导轨上的底座此面对齐

（11）将绘图笔导入 3D 世界。单击"（导入）几何元"按钮，在"打开"窗口中找到绘图笔组件文件，双击该组件文件或选中该组件文件后单击"打开"按钮，在如图 5.6 所示的"导入模型"窗口中设置相关参数，单击"导入"按钮，将绘图笔导入 3D 世界。"组件属性"窗口中的坐标选择"世界"；输入该组件的名称"绘图笔"。单击"（操作）PnP"按钮，在 3D 世界中将鼠标移动至绘图笔周边圆环的内部，按住鼠标左键移动鼠标，将绘图笔移动至空白位置，如图 5.21 所示。

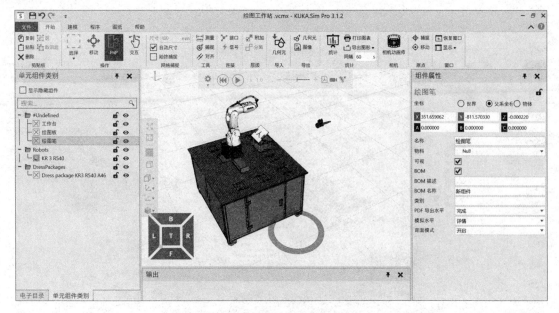

图 5.21　将绘图笔组件导入 3D 世界

（12）设置绘图笔组件的原点。单击"（原点）捕捉"按钮，"设定原点"窗口中的模式选择"1 点"；设置选择"设置位置""设置方向"；对齐轴选择 +Z；捕捉类型选择"中心"，单击绘图笔如图 5.22 所示的中心点，单击"设定原点"窗口中的"应用"按钮。

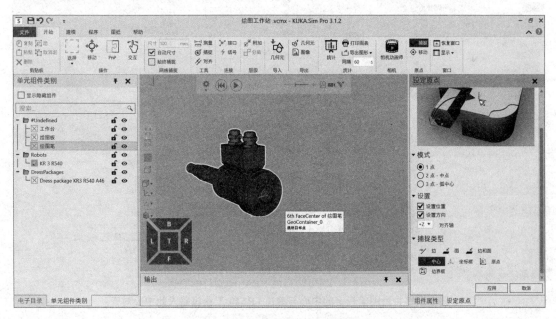

图 5.22　设置绘图笔组件的原点

（13）将绘图笔指定的中心与 KR 3 R540 工业机器人指定的中心对齐。单击"（工具）对齐"按钮，"对齐"窗口的捕捉类型选择"中心"，单击选中绘图笔如图 5.23 所示的中心，单击 KR 3 R540 工业机器人如图 5.24 所示需要对齐的中心。

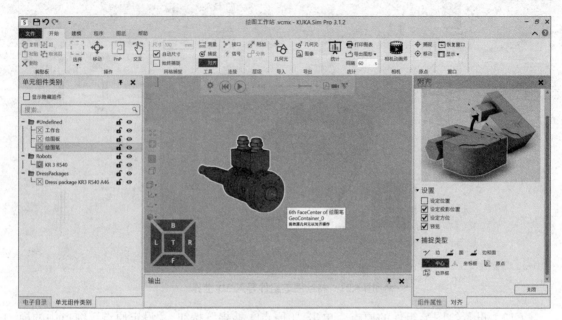

图 5.23 对齐中心

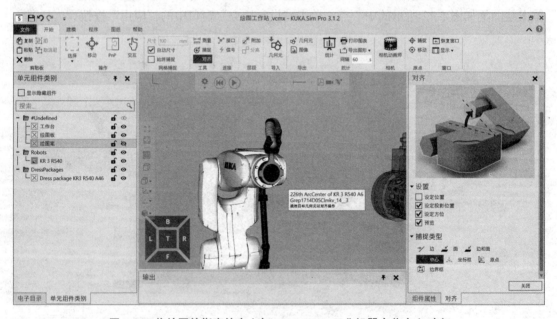

图 5.24 将绘图笔指定的中心与 KR 3 R540 工业机器人此中心对齐

（14）将绘图笔指定的面与 KR 3 R540 工业机器人指定的面对齐。单击"（工具）对齐"按钮，"对齐"窗口的捕捉类型选择"面"，单击选中绘图笔如图 5.25 所示的面，单击 KR 3 R540 工业机器人如图 5.26 所示需要对齐的面。

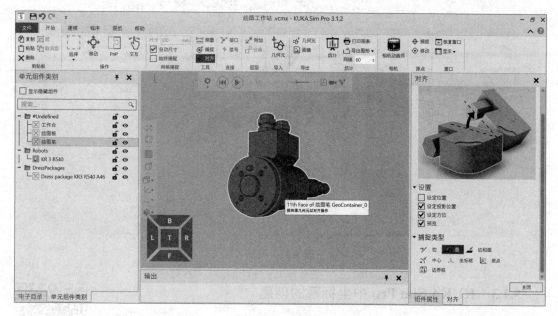

图 5.25　对齐面

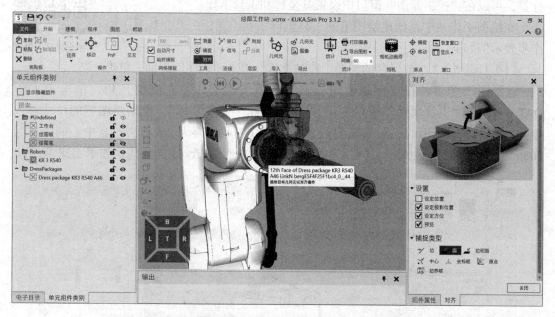

图 5.26　将绘图笔指定的面与 KR 3 R540 工业机器人此面对齐

（15）将绘图笔安装固定在 KR 3 R540 工业机器人 A6 轴法兰盘上。单击"（层级）附加"按钮，"附加至父系体系"窗口中的 Node 选择 KR 3 R540：：mountplate，如图 5.27所示。

（16）单击"保存"按钮，保存绘图工作站布局。

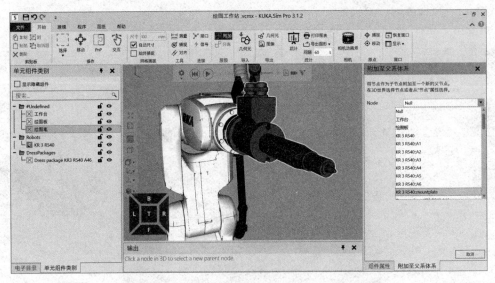

图 5.27　附加

5.1.3　KUKA.Sim Pro 中坐标系的创建

KUKA.Sim Pro
中坐标系的创建

打开 KUKA.Sim Pro 3.1.2 软件，进入"程序"界面，单击"控制器图"标签，可以在"控制器图"窗口中设置基坐标和工具坐标。

在绘图工作站中，创建绘图笔的工具坐标系和绘图板的基坐标系，操作步骤示例如下。

（1）打开 5.1.2 小节保存的绘图工作站文件，进入"程序"界面，单击"控制器图"标签，在"控制器图"窗口，单击"工具"左侧的三角，单击 TOOL_DATA[1]，在"工具属性"窗口中，"坐标"选择"父系坐标"，根据绘图笔的尺寸输入相关参数，本书使用的绘图笔笔尖到 KR 3 R540 工业机器人 A6 轴法兰盘中心的距离为 208mm，因此在 Z 值处输入 208，完成绘图笔工具坐标系 Tool1 的创建，如图 5.28 所示。

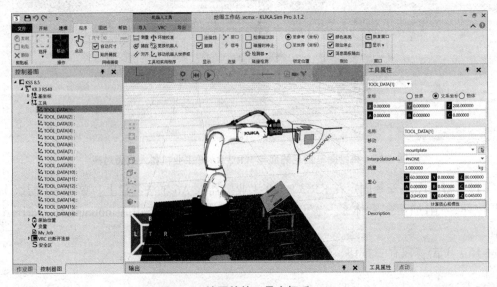

图 5.28　绘图笔的工具坐标系 Tool1

（2）在"控制器图"窗口，单击"基坐标"左侧的三角，单击BASE_DATA[1]，单击"（工具和实用程序）捕捉"按钮，"基坐标捕捉"窗口的模式选择"1点"；设置选择"设置位置""设置方向"；对齐轴选择+Z；捕捉类型选择"边和面"，捕捉3D世界中绘图板的右下角一点作为绘图板基坐标系的原点，如图5.29所示。创建的绘图板的基坐标系Base1如图5.30所示。

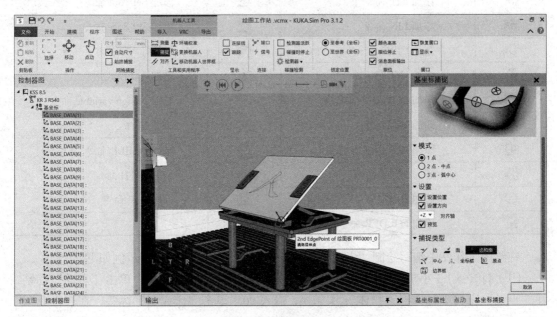

图 5.29　基坐标捕捉

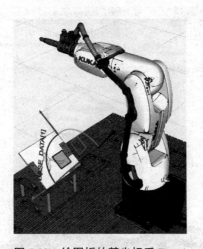

图 5.30　绘图板的基坐标系 Base1

（3）单击"保存"按钮，保存绘图工作站 .vcmx 文件。

5.1.4　KUKA.Sim Pro 中离线编程与仿真

打开 KUKA.Sim Pro 3.1.2 软件，进入"程序"界面，单击"作业图"标签，可以在"作业图"窗口添加 KUKA 工业机器人程序命令，如表 5.4 所示。

KUKA.Sim Pro 中离线编程与仿真

表5.4 "作业图"窗口的程序命令

图 标	功 能	图 标	功 能
●	修改 PTP 或 LIN 点	🔲	添加子程序
🏠	添加 PTPHOME 命令	📋	添加调用子程序命令
↝	添加 PTP 命令	↑T	添加 Set Tool 命令
→	添加 LIN 命令	↑B	添加 Set Base 命令
↰	添加 CIRC 命令	⏱	增加计时器指令
📄	添加 USERKRL 命令	👁	增加运动模式指令
🖼	添加 COMMENT 命令	⌄	添加 Assign variable 命令
⏱	添加 WAIT 命令	⤵	添加 IF 命令
⬇	添加 Wait for $IN 命令	🔁	添加 WHILE 命令
➡	添加 $OUT 命令	◇	添加 PATH 命令
⊗	添加 HALT 命令	📂	添加 CFP 命令
🔂	添加 FOLDER 命令		

在绘图工作站中编写绘制"人"字的程序并仿真运行，操作步骤示例如下。

（1）打开5.1.3小节保存的绘图工作站文件，进入"程序"界面，单击"点动"标签，在"点动"窗口坐标选择"物体"；关节 A5 输入 90。单击"作业图"标签，在"作业图"窗口单击 🏠 按钮添加 PTPHOME 命令，单击 ● 按钮修改 HOME，如图 5.31 所示。

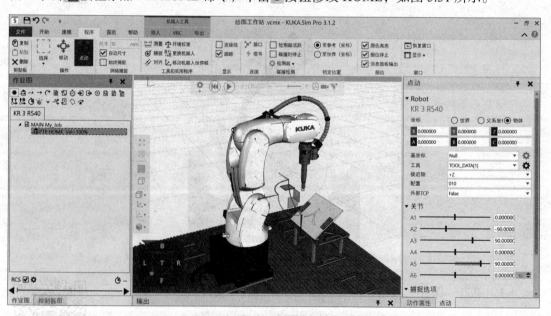

图 5.31 设置 HOME 点

（2）在"点动"窗口基坐标选择：BASE_DATA[1]；工具选择 TOOL_DATA[1]；单击"（工具和实用程序）捕捉"按钮，"TCP 捕捉"窗口的模式选择"1点"；设置选择"设置位置""设置方向";对齐轴选择 +Z;捕捉类型选择"边和面",捕捉绘图板"人"字上一点作为绘图的起始点,如图 5.32 所示。在"作业图"窗口单击→按钮添加 LIN 命令,单击"动作属性"标签,在"动作属性"窗口名称设置为 P1;持续选择"空白";速度设置为 1m/s;方向导引选择"恒定方向",如图 5.33 所示。

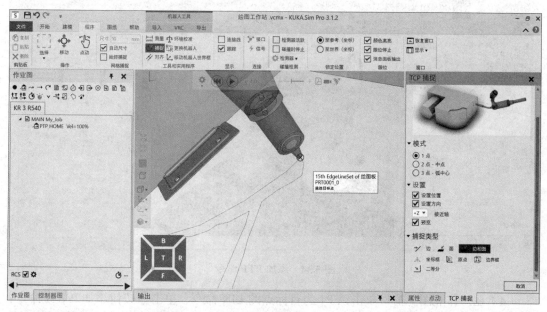

图 5.32　绘图起始点

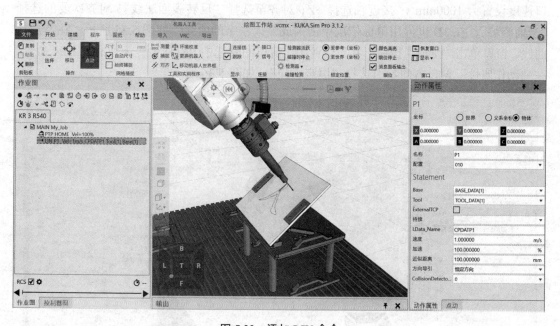

图 5.33　添加 LIN 命令

(3)单击"(操作)点动"按钮,在 3D 世界中单击绘图笔,将鼠标移动至绘图笔工具坐标系 TOOL1 的 Z 轴,按住鼠标左键移动鼠标,将绘图笔移动至如图 5.34 所示的位置。在"作业图"窗口单击↰↱按钮添加 PTP 命令,将鼠标移动至刚添加的 PTP 命令,按住鼠标左键移动鼠标，将PTP命令移动到步骤2添加的以P1为目标点的LIN命令上方，单击"动作属性"标签，在"动作属性"窗口名称设置为P2；持续选择CONT；PTP速度设置为50%。

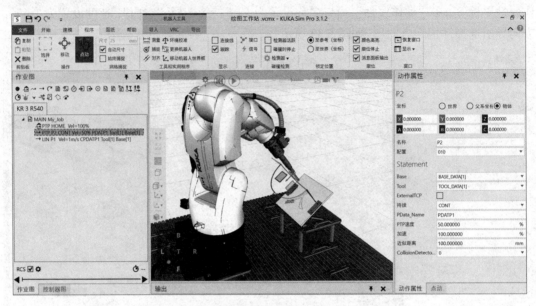

图5.34　添加PTP命令

（4）在"作业图"窗口单击以P1为目标点的LIN命令，单击 ◌ 按钮添加PATH命令，单击"动作属性"标签，在"动作属性"窗口单击"选择曲线"按钮，在"选择曲线"窗口速度设置为1000mm/s；接近轴选择+Z；对齐至选择"反转表面法线"；对齐次要的选择"当前姿势"，在3D世界用鼠标依次单击构成"人"字的曲线，如图5.35所示，在"选择曲线"窗口单击"生成"按钮。在"作业图"窗口同时选中PATH命令下所有的LIN命令，在"动作属性"窗口方向导引选择"恒定方向"，如图5.36所示。

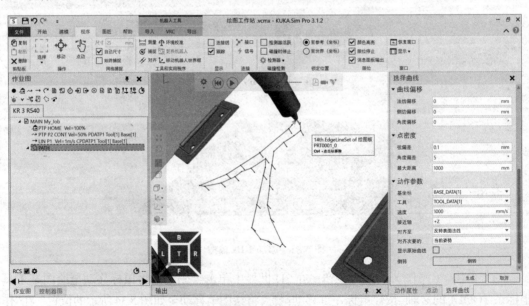

图5.35　选择曲线

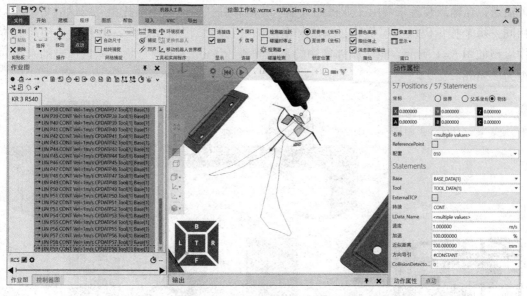

图 5.36　设置 PATH 命令下所有 LIN 命令的动作属性

（5）在"作业图"窗口单击步骤 4 添加的 PATH 命令左侧的三角，单击以 P2 为目标点的 PTP 命令，右击鼠标，在菜单中单击"复制"，单击步骤（4）添加的 PATH 命令，右击鼠标，在菜单中单击"粘贴"。单击通过复制粘贴添加的 PTP 命令，右击，在菜单中单击"将 PTP 转化为 LIN"。单击按钮添加 PTPHOME 命令。完成的绘图工作站程序如图 5.37 所示。

（6）单击如图 5.38 所示的"重置"按钮，单击"播放"按钮，KR 3 R540 工业机器人完成绘制"人"字的动作。单击"重置"按钮，单击"保存"按钮，保存绘图工作站 .vcmx 文件。

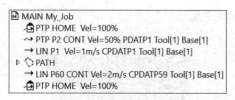

图 5.37　绘图工作站程序

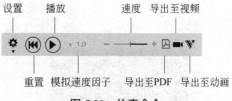

图 5.38　仿真命令

任务 5.2　KUKA 工业机器人码垛离线编程

本任务完成码垛工作站的离线编程与仿真。

码垛工作站的布局如图 5.39 所示。待码垛的货物尺寸为 595mm×395mm×375mm；托盘选用 Pallet 1200×1000；工业机器人选用 KR 120 R3200 PA；工业机器人控制系统选用 KR C4；工业机器人工具选用 Vacuum Gripper；输送装置选用 Batch_Conveyor；货物上料装置选用 Conv Creator IO；安全护栏选用 GenericFence。

工作站的任务要求如下：两条线的货物分别由各自的上料装置提供，由各自的输送装置输送，在输送装置末端由工业机器人拾取，码垛到托盘。两条线托盘上码垛的货物垛型相同，每个托盘码垛三层货物，下层和上层的货物垛型相同，如图 5.40 所示，中层的货物垛型如图 5.41 所示。同层相邻货物的水平间距为 5mm。下层货物与托盘边缘的水平间距为 2.5mm。

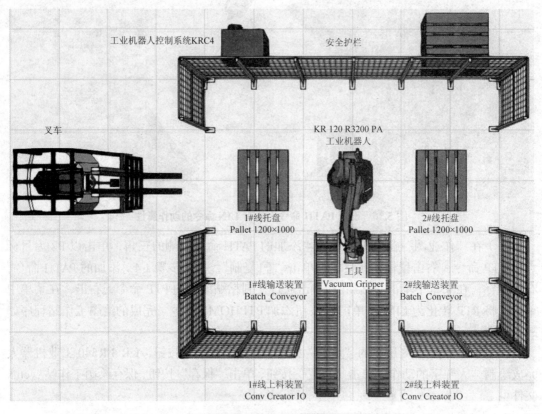

图 5.39　码垛工作站布局

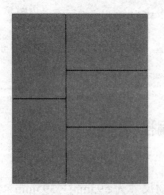

图 5.40　下层和上层货物垛型俯视图

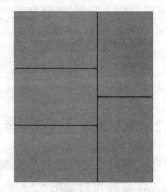

图 5.41　中层货物垛型俯视图

5.2.1　KUKA.Sim Pro 中组件的创建和使用

在 KUKA.Sim Pro 3.1.2 软件中可以根据离线编程与仿真需要创建新的组件。本码垛工作站中待码垛的货物组件的创建和使用操作步骤示例如下。

（1）打开 KUKA.Sim Pro 3.1.2 软件，进入"建模"界面，单击"（组件）新的"按钮，单击"（几何元）特征"按钮，单击"箱体"，在"特征属性"窗口中长度输入 595.00 {mm}；宽度输入 395.00{mm}；高度输入 375.00{mm}；如图 5.42 所示。"组件图形"窗口中单击新组建，"组件属性"窗口中名称输入：货物，如图 5.43 所示。

（2）单击"（原点）捕捉"按钮，"设定原点"窗口中的模式选择：1 点；设置选择"设置位置""设置方向"；对齐轴选择 –X；捕捉类型选择"中心"，单击货物组件如图 5.44 所示的中心点，单击"设定原点"窗口中的"应用"按钮。

图 5.42　特征属性

图 5.43　组件属性

图 5.44　捕捉原点

（3）单击"（组件）另存为"按钮，单击"保存组件为"窗口中的"另存为"按钮，在"另存为"窗口中设置好货物组件的保存路径，单击"保存"按钮，保存为"货物 .vcmx"。关闭 KUKA.Sim Pro 3.1.2 软件。

（4）打开已经完成布局的码垛工作站文件，进入"开始"界面，在"单元组件类别"窗口或 3D 世界中单击 1# 线上料装置 Conv Creator IO，在"组件属性"窗口部件处选择步骤（3）保存的"货物 .vcmx"；在"单元组件类别"窗口或 3D 世界中单击 2# 线上料装置 Conv Creator IO，在"组件属性"窗口部件处选择步骤（3）保存的"货物 .vcmx"。

（5）单击"保存"按钮，保存"码垛工作站 .vcmx"文件。

5.2.2　KUKA.Sim Pro 中的 IO 设置

工业机器人工作站工作过程中，工业机器人可以通过 IO 接口与周边设备进行通信。在 KUKA.Sim Pro 3.1.2 软件中可以根据离线编程与仿真需要对 KUKA 工业机器人的 IO 进行设置。

KUKA.Sim Pro 中的 IO 设置

如图 5.45 所示，由于货物需要到达输送装置末端以后才能被工业机器人拾取，因此工业机器人需要将输送装置末端对于货物是否到位的检测信号作为数字量输入信号。另外，要求输送装置末端的货物被工业机器人拾取后上料装置再上料，工业机器人需要用数字量输出信号控制上料装置工作。设置以上 IO 信号的操作步骤示例如下。

打开 5.2.1 小节保存的码垛工作站文件，进入"开始"界面，单击"（连接）信号"按钮，在"连接信号"窗口组件选择"1# 线输送装置 Batch_Conveyor"，信号 BatchReadySignal 的连接选择 KR 120 R3200 PA 的 In101，如图 5.46 所示；组件选择"2# 线输送装置 Batch_Conveyor"，信号 BatchReadySignal 的连接选择 KR 120 R3200 PA 的 In102；组件选择"Conv Creator IO 1# 线货箱上料装置"，信号 CreatorOnOff 的连接选择 KR 120 R3200 PA 的 Out 101；组件选择"Conv Creator IO 2# 线货箱上料装置"，信号 CreatorOnOff 的连接选择 KR 120 R3200 PA 的 Out 102。该码垛工作站的 IO 设置如图 5.47 所示。单击"保存"按钮，保存码垛工作站 .vcmx 文件。

图 5.45　货物到达输送装置末端

图 5.46　连接信号

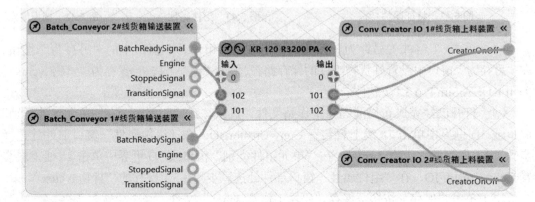

图 5.47　码垛工作站的 IO 设置

5.2.3　KUKA.Sim Pro 中的动作配置

在 KUKA.Sim Pro 3.1.2 软件中可以根据离线编程与仿真需要对 KUKA 工业机器人的数字量输出信号进行拾取与放置、工具的安装与拆卸、跟踪的开启与关闭等动作配置。

KUKA.Sim Pro
中的动作配置

打开 5.2.2 小节保存的码垛工作站文件，进入"程序"界面，利用"捕捉"在 3D 世界中以工具 Vacuum Gripper 的中心为原点创建如图 5.48 所示的工具坐标系 TOOL1。本码垛工作站用编号为 1 的数字量输出控制工具 Vacuum Gripper 对货物的拾取和放置动作，该动作配置操作步骤示例如下。

　　进入"开始"界面，单击"单元组件类别"窗口中的 KR 120 R3200 PA 或 3D 世界中的 KR 120 R3200 PA，在"组件属性"窗口单击"动作配置"，信号动作输出选择 1；对时选择"抓取"；错时选择"发布"；使用工具选择 TOOL_DATA[1]，如图 5.49 所示。单击"保存"按钮，保存码垛工作站 .vcmx 文件。

图 5.48 工具坐标系 Tool1

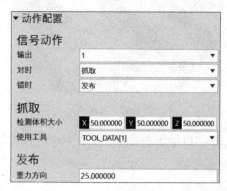

图 5.49 动作配置

5.2.4 KUKA.Sim Pro 中子程序的使用

　　在 KUKA.Sim Pro 3.1.2 软件中，为了使程序结构清晰，可以根据离线编程的需要添加与调用子程序。

KUKA.Sim Pro
中子程序的使用

　　在完成了码垛工作站的布局、IO 设置、工具坐标系的创建、动作配置等工作之后，接下来的离线编程与仿真操作步骤示例如下。

　　（1）参照 5.1.3 小节的方法创建如图 5.50 所示的 1# 线输送装置 Batch_Conveyor 的基坐标系 Base1；如图 5.51 所示的 1# 线托盘 Pallet 1200×1000 的基坐标系 Base2；如图 5.52 所示的 2# 线输送装置 Batch_Conveyor 的基坐标系 Base3；如图 5.53 所示的 2# 线托盘 Pallet 1200×1000 的基坐标系 Base4。

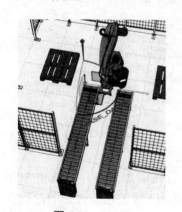

图 5.50 Base1

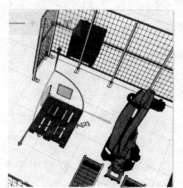

图 5.51 Base2

　　（2）进入"程序"界面，单击"控制器图"标签，在"控制器图"窗口右击"变量"，在菜单中单击"添加变量"，在"添加变量"窗口程序选择：GLOBAL；变量类型选择"整数"；名称输入 Counter_1，如图 5.54 所示，单击"可以"按钮。在"控制器图"窗口右击"变

图 5.52　Base3

图 5.53　Base4

量"，在菜单中单击"添加变量"，在"添加变量"窗口程序选择 GLOBAL；变量类型选择"整数"；名称输入 Counter_2，单击"可以"按钮。添加的整数型变量 Counter_1 和 Counter_2 如图 5.55 所示。

（3）单击"作业图"标签，在"作业图"窗口单击🔳按钮添加子程序，单击 SUB MyRoutine，"例行程序属性"窗口名称输入 Creator_1，将控制 1# 线上料装置上料的子程序命名为 Creator_1。

（4）在"作业图"窗口单击 SUB Creator_1，单击💷添加 $OUT 命令，单击"动作属性"标签，在"动作属性"窗口 Nr 输入 101；状态选择"正确"。在"作业图"窗口单击⏱添加 WAIT 命令，单击"动作属性"标签，在"动作属性"窗口延迟输入 0.5。在"作业图"窗口单击💷添加 $OUT 命令，单击"动作属性"标签，在"动作属性"窗口 Nr 输入 101；状态选择"错误"。编辑完成的控制 1# 线上料装置上料的子程序 Creator_1 如图 5.56 所示。

图 5.54　添加变量

图 5.55　Counter_1 和 Counter_2

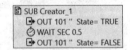

图 5.56　子程序 Creator_1

（5）单击"作业图"标签，在"作业图"窗口单击🔳按钮添加子程序，单击 SUB MyRoutine，"例行程序属性"窗口名称输入 WaitGrip_1，将在 1# 线输送装置末端拾取货物的子程序命名为 WaitGrip_1。

（6）在"作业图"窗口单击 SUB WaitGrip_1，单击💷按钮添加 Wait for $IN 命令，单击"动作属性"标签，在"动作属性"窗口 Nr 输入 101；$IN 选择"正确"。

（7）进入"开始"界面，在"打开"窗口中找到 5.2.1 小节创建的货物组件文件，双击该组件文件或选中该组件文件后单击"打开"按钮，在"导入模型"窗口单击"导入"

按钮,将货物组件导入 3D 世界。利用"对齐"将货物组件摆放至 1# 线输送装置的末端,如图 5.57 所示。

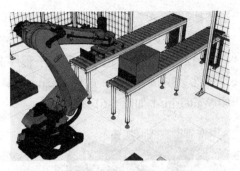

（8）进入"程序"界面,单击"点动"标签,在"点动"窗口基坐标选择: BASE_DATA[1];工具选择: TOOL_DATA[1];单击"（工具和实用程序）捕捉"按钮,"TCP 捕捉"窗口的模式选择"1 点";设置选择"设置位置""设置方向";对齐轴选择 +X;捕捉类型选择"边和面",捕捉货物上

图 5.57 货物摆放至 1# 线输送装置的末端

表面的中心点作为拾取点,如图 5.58 所示。在"作业图"窗口单击步骤（4）添加的 Wait for $IN[101] 命令,单击 ➡ 按钮添加 LIN 命令,单击"动作属性"标签,在"动作属性"窗口名称设置为 P1;持续选择"空白"。

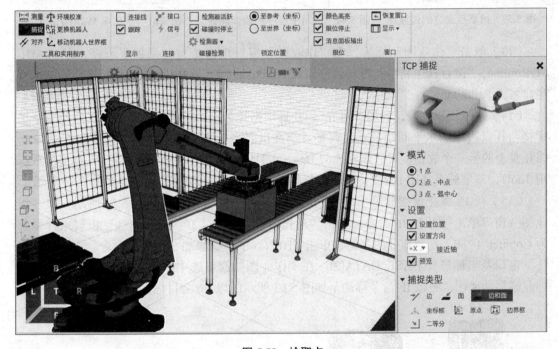

图 5.58 拾取点

（9）在"作业图"窗口单击 ➡ 添加 $OUT 命令,单击"动作属性"标签,在"动作属性"窗口 Nr 输入 101;状态选择"正确"。在"作业图"窗口单击 ⏱ 添加 WAIT 命令,单击"动作属性"标签,在"动作属性"窗口延迟输入 0.5。

（10）单击"（操作）点动"按钮,在 3D 世界中将鼠标移动至工具坐标系 Tool1 的 X 轴,按住鼠标左键移动鼠标,将 TCP 移动至拾取点正上方的合适位置作为过渡点,如图 5.59 所示。在"作业图"窗口单击 ➡ 添加 LIN 命令,单击"动作属性"标签,在"动作属性"窗口名称设置为 P2;持续选择 CONT。

（11）在"作业图"窗口单击以 P2 为目标点的 LIN 命令,右击,在菜单中单击 📄 复制,在"作业图"窗口单击步骤（4）添加的 Wait for $IN[101] 命令,右击,在菜单中单击"粘贴"。单击通过复制粘贴添加的以 P3 为目标点的 LIN 命令,右击,在菜单中单击"将LIN 转化为 PTP"。

(12)单击 按钮添加调用子程序命令,单击"动作属性"标签,如图 5.60 所示的"动作属性"窗口 Routine 选择 Creator_1;编辑完成的在 1# 线输送装置末端拾取货物的子程序 WaitGrip_1 如图 5.61 所示。

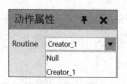

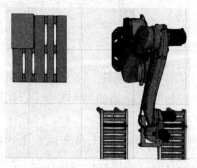

图 5.59 拾取点上方的过渡点　图 5.60 调用子程序的动作属性　图 5.61　子程序 WaitGrip_1

(13)单击"作业图"标签,在"作业图"窗口单击 按钮添加子程序,单击 SUB MyRoutine,"例行程序属性"窗口名称输入 Palletizing_1,将在 1# 线托盘码垛货物的子程序命名为 Palletizing_1。

(14)参照步骤(7),利用"对齐",并且根据托盘上同层相邻货物的水平间距及下层货物与托盘边缘的水平间距要求,调整货物在世界坐标系中的坐标值,将货物摆放在 1# 线托盘上的第一个放置位置,如图 5.62 所示。参照步骤(7)~步骤(11),工具坐标系选用 Tool1,基坐标系选用 Base2,编写将货物摆放在 1# 线托盘上的程序,如图 5.63 所示。

(15)在 1# 线托盘摆放第一个货物时参照的基坐标系 Base2 如图 5.51 所示。在"作业图"窗口单击 添加 IF 命令,单击"动作属性"标签,在"动作属性"窗口条件设置为 Counter_1==0,在"作业图"窗口单击 THEN,单击 添加 Set Base 命令,在"动作属性"窗口基坐标选择 BASE_DATA[2]。在"作业图"窗口选中刚添加的 IF 命令,按住鼠标左键移动鼠标,将该 IF 命令移动至如图 5.63 所示的以 P6 为目标点的 PTP 命令上方。

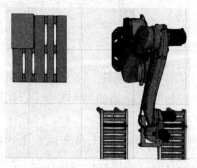

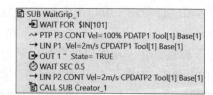

图 5.62 货物摆放至 1# 线托盘上的第一个位置　图 5.63　将货物摆放至 1# 线托盘上的程序

(16)根据货物尺寸、托盘尺寸、托盘上同层相邻货物的水平间距及下层货物与托盘边缘的水平间距;在 1# 线托盘摆放第二个货物时参照的基坐标系 Base2 如图 5.64 所示。

在"作业图"窗口单击 添加 IF 命令，单击"动作属性"标签，在"动作属性"窗口条件设置为 Counter_1==1，在"作业图"窗口单击 THEN，单击 添加 Set Base 命令，在"动作属性"窗口基坐标选择 BASE_DATA[2]，选中 IsRelative，Position 处 X 的值设置为 600，如图 5.65 所示。

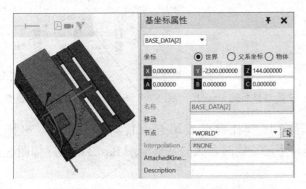
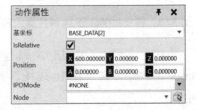

图 5.64　将货物摆放至 1# 线托盘上第二个位置时参照的 Base2　　图 5.65　Set Base 命令的动作属性

（17）根据货物尺寸、托盘尺寸、托盘上同层相邻货物的水平间距及下层货物与托盘边缘的水平间距，在 1# 线托盘摆放第三个货物时参照的基坐标系 Base2 如图 5.66 所示。在"作业图"窗口单击 添加 IF 命令，单击"动作属性"标签，在"动作属性"窗口条件设置为 Counter_1==2，在"作业图"窗口单击 THEN，单击 添加 Set Base 命令，在"动作属性"窗口基坐标选择：BASE_DATA[2]，不选中 IsRelative，Position 处 X 的值设置为 -600；Y 的值设置为 -1300；Z 的值设置为 144；A 的值设置为 -90；，如图 5.67 所示。

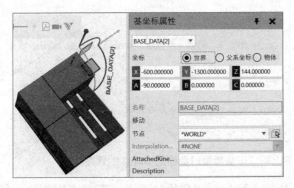
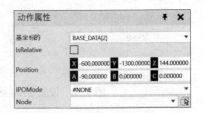

图 5.66　将货物摆放至 1# 线托盘上第三个位置时参照的 Base2　　图 5.67　Set Base 命令的动作属性

（18）根据货物尺寸、托盘尺寸、托盘上同层相邻货物的水平间距及下层货物与托盘边缘的水平间距，在 1# 线托盘摆放第四个货物时参照的基坐标系 Base2 如图 5.68 所示。在"作业图"窗口单击 添加 IF 命令，单击"动作属性"标签，在"动作属性"窗口条件设置为 Counter_1==3，在"作业图"窗口单击 THEN，单击 添加 Set Base 命令，在"动作属性"窗口基坐标选择 BASE_DATA[2]，选中 IsRelative，Position 处 Y 的值设置为 400，如图 5.69 所示。

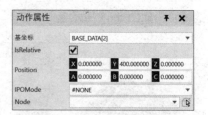

图 5.68　将货物摆放至 1# 线托盘上第四个位置时参照的 Base2　　图 5.69　Set Base 命令的动作属性

（19）参照步骤（18），编写设置在 1# 线托盘摆放第五个货物时参照的基坐标系 Base2 的程序。设置在 1# 线托盘上码垛下层货物时参照的基坐标系 Base2 的程序如图 5.70 所示。

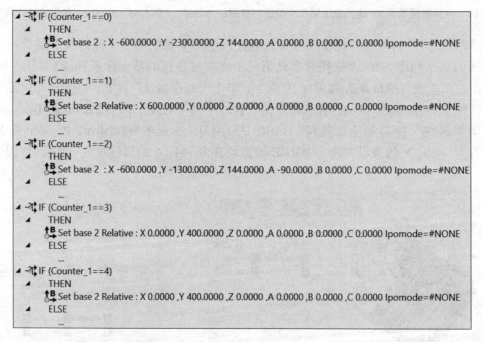

图 5.70　设置在 1# 线托盘上码垛下层货物时参照的 Base2 的程序

（20）根据货物尺寸、托盘尺寸、托盘上同层相邻货物的水平间距及下层货物与托盘边缘的水平间距，参照步骤（15）至步骤（19），编写设置在 1# 线托盘上码垛中层货物时参照的基坐标系 Base2 的程序如图 5.71 所示；编写设置在 1# 线托盘上码垛上层货物时参照的基坐标系 Base2 的程序如图 5.72 所示。

（21）在"作业图"窗口单击如图 5.73 所示的以 P5 为目标点的 LIN 命令，单击 v 按钮添加 Assign variable 命令，单击"动作属性"标签，"动作属性"窗口 TargetProperty 输入 Counter_1；ValueExpression 输入 Counter_1+1，如图 5.73 所示。编辑完成的在 1# 线托盘码垛货物的子程序 Palletizing_1 如图 5.74 所示。

（22）参照步骤（3）至步骤（4），编辑完成控制 2# 线上料装置上料的子程序 Creator_2。

（23）参照步骤（5）至步骤（12），编辑完成在2#线输送装置末端拾取货物的子程序WaitGrip_2。

（24）参照步骤（13）至步骤（21），编辑完成在2#线托盘码垛货物的子程序Palletizing_2。

```
IF (Counter_1==5)
    THEN
        Set base 2 : X -600.0000 ,Y -1700.0000 ,Z 519.0000 ,A -90.0000 ,B 0.0000 ,C 0.0000 Ipomode=#NONE
    ELSE
        ...
IF (Counter_1==6)
    THEN
        Set base 2 Relative : X 0.0000 ,Y 400.0000 ,Z 0.0000 ,A 0.0000 ,B 0.0000 ,C 0.0000 Ipomode=#NONE
    ELSE
        ...
IF (Counter_1==7)
    THEN
        Set base 2 Relative : X 0.0000 ,Y 400.0000 ,Z 0.0000 ,A 0.0000 ,B 0.0000 ,C 0.0000 Ipomode=#NONE
    ELSE
        ...
IF (Counter_1==8)
    THEN
        Set base 2 : X -600.0000 ,Y -1700.0000 ,Z 519.0000 ,A 0.0000 ,B 0.0000 ,C 0.0000 Ipomode=#NONE
    ELSE
        ...
IF (Counter_1==9)
    THEN
        Set base 2 Relative : X 600.0000 ,Y 0.0000 ,Z 0.0000 ,A 0.0000 ,B 0.0000 ,C 0.0000 Ipomode=#NONE
    ELSE
        ...
```

图5.71　设置在1#线托盘上码垛中层货物时参照的Base2的程序

```
IF (Counter_1==10)
    THEN
        Set base 2 : X -600.0000 ,Y -2300.0000 ,Z 894.0000 ,A 0.0000 ,B 0.0000 ,C 0.0000 Ipomode=#NONE
    ELSE
        ...
IF (Counter_1==11)
    THEN
        Set base 2 Relative : X 600.0000 ,Y 0.0000 ,Z 0.0000 ,A 0.0000 ,B 0.0000 ,C 0.0000 Ipomode=#NONE
    ELSE
        ...
IF (Counter_1==12)
    THEN
        Set base 2 : X -600.0000 ,Y -1300.0000 ,Z 894.0000 ,A -90.0000 ,B 0.0000 ,C 0.0000 Ipomode=#NON
    ELSE
        ...
IF (Counter_1==13)
    THEN
        Set base 2 Relative : X 0.0000 ,Y 400.0000 ,Z 0.0000 ,A 0.0000 ,B 0.0000 ,C 0.0000 Ipomode=#NONE
    ELSE
        ...
IF (Counter_1==14)
    THEN
        Set base 2 Relative : X 0.0000 ,Y 400.0000 ,Z 0.0000 ,A 0.0000 ,B 0.0000 ,C 0.0000 Ipomode=#NONE
    ELSE
        ...
```

图5.72　设置在1#线托盘上码垛上层货物时参照的Base2的程序

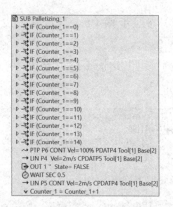

图 5.74　Palletizing_1 子程序

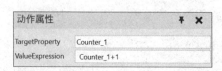

图 5.73　Assign variable 命令的动作属性

（25）在"作业图"窗口单击 MAIN My_Job，单击 按钮添加 PTPHOME 命令。单击 按钮添加调用子程序命令，单击"动作属性"标签，"动作属性"窗口 Routine 选择 Creator_1；在"作业图"窗口单击 按钮添加调用子程序命令，单击"动作属性"标签，"动作属性"窗口 Routine 选择 Creator_2。

（26）在"作业图"窗口单击 按钮添加 WHILE 命令。单击 WHILE True，"动作属性"窗口条件设置为 Counter_2<15，如图 5.75 所示。

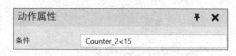

图 5.75　WHILE 命令的动作属性

（27）在"作业图"窗口单击 Counter_2<15 下一行的三个点，单击 按钮添加调用子程序命令，单击"动作属性"标签，"动作属性"窗口 Routine 选择 WaitGrip_1；在"作业图"窗口单击 按钮添加调用子程序命令，单击"动作属性"标签，"动作属性"窗口 Routine 选择 Palletizing_1；在"作业图"窗口单击 按钮添加调用子程序命令，单击"动作属性"标签，"动作属性"窗口 Routine 选择 WaitGrip_2；在"作业图"窗口单击 按钮添加调用子程序命令，单击"动作属性"标签，"动作属性"窗口 Routine 选择 Palletizing_2。

（28）在"作业图"窗口单击 按钮添加 PTPHOME 命令。编辑完成的码垛工作站程序如图 5.76 所示。

（29）单击如图 5.38 所示的"重置"按钮，单击"播放"按钮，KR 120 R3200 PA 工业机器人完成码垛作业，如图 5.77 所示。单击"重置"按钮，单击"保存"按钮，保存码垛工作站 .vcmx 文件。

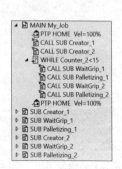

图 5.76　码垛工作站程序

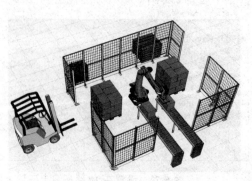

图 5.77　码垛工作站仿真效果

 项目拓展

KUKA.Sim Pro 与虚拟 PLC 通信的应用

KUKA.Sim Pro 3.1.2 软件可以与诸如用 S7-PLCSIM Advanced 虚拟的 S7-1500PLC 实现通信。

对于任务 2.2 在 KUKA.Sim Pro 3.1.2 软件中创建的码垛工作站,用编号为 103 的数字量输出端表示 KUKA 工业机器人 KR 120 R3200 PA 的工作状态。主程序中,当 KR 120 R3200 PA 离开 HOME 点开始码垛工作后,将编号为 103 的数字量输出端的状态设置为 TRUE;当 KR 120 R3200 PA 完成所有货物的码垛工作后,将编号为 103 的数字量输出端的状态设置为 FALSE,如图 5.78 所示。

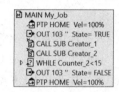

图 5.78 编号为 103 的数字量输出端的设置

将编号为 103 的数字量输出端的状态发送给用 S7-PLCSIM Advanced 虚拟的 S7-1500PLC,从而使该虚拟 PLC 获取 KR 120 R3200 PA 的工作状态,操作步骤示例如下。

(1)在 KUKA.Sim Pro 3.1.2 软件中单击"文件"标签,单击"选项",单击"附加",单击连通性的"启用"按钮,单击"确定"按钮,如图 5.79 所示,重启 KUKA.Sim Pro 3.1.2 软件后启用连通性功能。

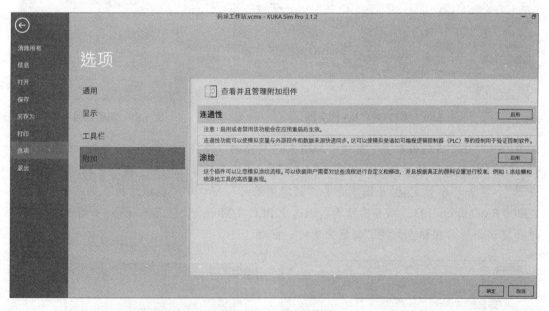

图 5.79 启用连通性

(2)打开 TIA Portal 软件,创建新项目,添加新设备,控制器选用 CPU 1511-1 PN。项目属性中启用"块编译时支持仿真"设置。PLC 属性中将该 PLC 的 IP 地址设置为 192.168.0.1,子网掩码设置为 255.255.255.0,启用"激活 OPC UA 服务器"设置,端口设

置为 4840,运行系统许可证选用 SIMATIC OPC UA S7-1500 small。在变量表中定义名称为"机器人状态"的 Bool 型变量，该变量地址设置为：M2.0。

（3）将 Siemens PLCSIM Virtual Ethernet Adapter 的 IP 地址设置为 192.168.0.2，子网掩码设置为 255.255.255.0，打开 S7-PLCSIM Advanced 软件，OnLine Access 选择：Virtual Eth. Adapter，TCP/IP communication with 选择 <local>，Instance name 输入 PLC_1，IP address[X1] 输入 192.168.0.1，Subnet mask 输入 255.255.255.0，PLC type 选择 Unspecified CPU 1500，单击 start 按钮。

（4）将步骤（2）在 TIA Portal 软件创建的项目下载到用 S7-PLCSIM Advanced 虚拟的 S7-1500PLC 中并启动 CPU 仿真运行 PLC。

（5）打开在 KUKA.Sim Pro 3.1.2 软件中创建的码垛工作站，单击"连通性"标签，单击"连通性配置"窗口中的 OPC UA，单击"添加服务器"按钮，如图 5.80 所示，"编辑连接"窗口的连接服务器地址输入 opc.tcp://192.168.0.1:4840,如图 5.81 所示,向下拖动"编辑连接"窗口右侧的滚动条，单击"测试连接"按钮，若弹出如图 5.82 所示的"连接成功"窗口则表示 KUKA.Sim Pro 3.1.2 与用 S7-PLCSIM Advanced 虚拟的 S7-1500PLC 通信连接成功，单击"确定"按钮，在"编辑连接"窗口中单击"应用"按钮。

图 5.80　添加 OPC UA 服务器

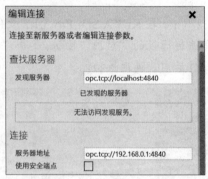

图 5.81　编辑连接

（6）单击"连通性配置"窗口中如图 5.83 所示的"连接/断开连接"按钮,服务器"属性"窗口中已连接显示 True，如图 5.84 所示，右击"连通性配置"窗口中的"模拟至服务器"，单击"添加变量"（图 5.85），"创建变量对"窗口中"模拟结构"侧选中 KR 120 R3200 PA/Outputs/103,"服务器结构"侧选中 PLC_1/Memory/ 机器人状态，如图 5.86 所示，单击"选中对"按钮。关闭"创建变量对"窗口。

图 5.82　连接成功

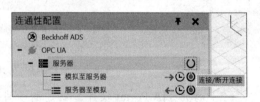

图 5.83　连接/断开连接

图 5.84　服务器属性

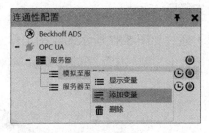

图 5.85　模拟至服务器添加变量

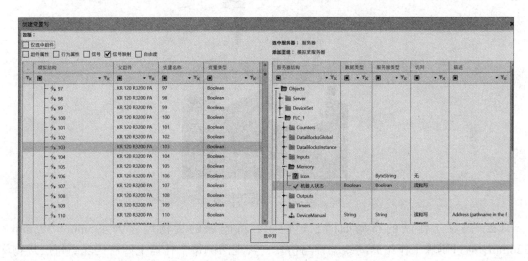

图 5.86　创建变量对

（7）在 TIA Portal 项目的变量表中在线监视变量"机器人状态"，单击 KUKA.Sim Pro 3.1.2 码垛工作站如图 5.38 所示的"重置"按钮，单击"播放"按钮，KR 120 R3200 PA 工业机器人进行码垛作业时，"机器人状态"的监视值为 TRUE；KR 120 R3200 PA 工业机器人完成码垛作业后，"机器人状态"的监视值为 FALSE。

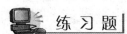 练习题

1. 选择题

（1）KUKA.Sim Pro 3.1.2 软件中，（　　）的作用是添加 PTP 命令。

　　A. ⬚　　　　B. ⬚　　　　C. ⬚　　　　D. ⬚

（2）KUKA.Sim Pro 3.1.2 软件中，（　　）的作用是添加 PATH 命令。

　　A. ⬚　　　　B. ⬚　　　　C. ⬚　　　　D. ⬚

（3）KUKA.Sim Pro 3.1.2 软件中，（　　）的作用是添加调用子程序命令。

　　A. ⬚　　　　B. ⬚　　　　C. ⬚　　　　D. ⬚

（4）KUKA.Sim Pro 3.1.2 软件中，（　　）的作用是添加 WHILE 命令。

　　A. ⬚　　　　B. ⬚　　　　C. ⬚　　　　D. ⬚

2. 实操题

（1）通过如图 5.87 所示的绘图工作站的离线编程与仿真，实现 KR 3 R540 工业机器人在绘图板上绘制"中"字的任务。

图 5.87　绘图工作站

（2）码垛工作站的布局如图 5.39 所示。待码垛的货物尺寸为 495mm×395mm×320mm；通过码垛工作站的离线编程与仿真，实现两侧每个托盘上四层码垛，每层货物垛型如图 5.88 所示。

图 5.88　四层码垛每层货物的垛型

参 考 文 献

[1] 许怡赦，邓三鹏. KUKA 工业机器人编程与操作 [M]. 北京：机械工业出版社，2019.

[2] 李正祥，宋祥弟. 工业机器人操作与编程（KUKA）[M]. 北京：北京理工大学出版社，2017.

[3] 韩鸿鸾，刘衍文，刘曙光. KUKA（库卡）工业机器人装调与维修 [M]. 北京：化学工业出版社，2020.

[4] 张明文. 工业机器人入门实用教程（KUKA 机器人）[M]. 北京：人民邮电出版社，2020.

[5] 韩鸿鸾，王海军，王鸿亮. KUKA（库卡）工业机器人编程与操作 [M]. 北京：化学工业出版社，2020.

[6] 林祥. KUKA 工业机器人编程高级教程 [M]. 北京：机械工业出版社，2020.

[7] 徐文. KUKA 工业机器人编程与实操技巧 [M]. 北京：机械工业出版社，2017.

[8] 王志全，王云飞. KUKA 工业机器人基础入门与应用案例精析 [M]. 北京：机械工业出版社，2020.

[9] 朱林，吴海波. 工业机器人仿真与离线编程 [M]. 北京：北京理工大学出版社，2017.

[10] 魏雄冬. 工业机器人虚拟仿真实例教程：KUKA. Sim Pro（全彩版）[M]. 北京：化学工业出版社，2021.

[11] 陈小艳，林燕文. 工业机器人现场编程（KUKA）[M]. 北京：高等教育出版社，2017.

[12] 陈小艳，郭炳宇，林燕文. 工业机器人现场编程（ABB）[M]. 北京：高等教育出版社，2018.

[13] 张新星. 工业机器人应用基础. [M] 北京：北京理工大学出版社，2020.

[14] 张宏立，何忠悦. 工业机器人操作与编程（ABB）[M]. 北京：北京理工大学出版社，2017.

[15] 杨杰忠，王泽春，刘伟. 工业机器人技术基础 [M]. 北京：机械工业出版社 2017.

[16] 伊洪良. 工业机器人应用基础 [M]. 北京：机械工业出版社，2022.

[17] 张玉希，伍东亮. 工业机器人入门 [M]. 北京：北京理工大学出版社，2017.

[18] 高丹，田超. 工业机器人操作与编程 [M]. 北京：机械工业出版社，2020.

[19] 夏智武，许妍妩. 工业机器人技术基础 [M]. 北京：高等教育出版社，2018.

[20] 袁海亮，邵帅. 工业机器人技术基础 [M]. 北京：机械工业出版社，2021.

[21] 梁盈富. ABB 工业机器人操作与编程 [M]. 北京：机械工业出版社，2022.

[22] 程翔. 工业机器人技术基础 [M]. 北京：机械工业出版社，2021.

[23] 钱丹浩. 工业机器人技术基础 [M]. 北京：机械工业出版社，2020.

[24] 刘小波. 工业机器人技术基础 [M]. 2 版. 北京：机械工业出版社，2019.

[25] 陈丽，靳晨聪. 工业机器人应用编程 [M]. 北京：机械工业出版社，2021.

[26] 崔连涛，国兵. KUKA 工业机器人现场编程与系统集成 [M]. 北京：机械工业出版社，2022